FORSCHUNGSBERICHTE DES LANDES NORDRHEIN-WESTFALEN

Nr. 2009

Herausgegeben im Auftrage des Ministerpräsidenten Heinz Kühn
von Staatssekretär Professor Dr. h. c. Dr. E. h. Leo Brandt

Dipl.-Phys. Jens Voß
Prof. Dr. Erwin Bodenstedt

Institut für Strahlen- und Kernphysik der Universität Bonn

e⁻ γ-Winkelkorrelationsmessungen an Kernübergängen
mit anomaler Konversion

SPRINGER FACHMEDIEN WIESBADEN GMBH 1969

ISBN 978-3-663-19912-0   ISBN 978-3-663-20255-4 (eBook)
DOI 10.1007/978-3-663-20255-4
Verlags-Nr. 012009

© 1969 by Springer Fachmedien Wiesbaden
Ursprünglich erschienen bei Westdeutscher Verlag GmbH, Köln und Opladen 1969
Gesamtherstellung: Westdeutscher Verlag

Inhalt

I. Einleitung 5

II. Winkelkorrelationstheorie 6

III. Beschreibung der Meßapparaturen 13

IV. Beschreibung der Experimente 16
    a) Messungen am Tantal 181 16
    b) Lutetium 175 24
    c) Messungen am Dysprosium 160 und am Samarium 152 30

V. Zusammenfassung der Ergebnisse 35

Literaturverzeichnis 37

I. Einleitung

GERHOLM und Mitarbeiter [1] berichteten 1961 zum erstenmal über die Beobachtung anomaler $e^-\gamma$-Winkelkorrelationen an Kernübergängen mit anomaler Konversion. Die Interpretation dieser Experimente führte zu der Modellvorstellung, daß diese Anomalie dadurch verursacht wird, daß die Konversionselektronen nicht wie sonst üblich ihre Energie hauptsächlich außerhalb des Kerns, sondern mit erheblicher Wahrscheinlichkeit im Inneren des Kernvolumens übernehmen. Die quantitative Analyse erlaubt neue Kernmatrixelemente, die sogenannten »penetration«-Matrixelemente, abzuleiten, die interessante Rückschlüsse auf die Kernstruktur zulassen sollten.
Die weitere Entwicklung zeigte, daß die experimentelle Bestimmung von »penetration«-Matrixelementen eine sehr hohe Präzision in den Winkelkorrelationsmessungen erfordert. Außerdem ist sie beschränkt auf einige wenige Fälle, bei denen eine ungewöhnlich hohe Retardierung der Gammaübergänge vorliegt. Ein genaueres Studium der bis heute vorliegenden Arbeiten zeigt, daß nur in einem einzigen Fall eine große Anomalie einer $e^-\gamma$-Winkalkorrelaiton beobachtet und mit hinreichender Genauigkeit gemessen werden konnte. Es handelt sich hierbei um den 283-keV-Übergang im Lu 175. Leider stellte sich heraus, daß gerade in diesem Fall aus theoretischen Gründen die Ableitung der »penetration«-Matrixelemente sehr schwierig ist.
In der vorliegenden Arbeit wird über $e^-\gamma$-Winkelkorrelationen an zwei $E1$-Übergängen im Lutetium 175 (283 keV und 145 keV) sowie am 482 keV $M1/E2$-Übergang im Tantal 181 berichtet. Es gelang sowohl für den 283-keV-Übergang im Lu 175 als auch für den 482-keV-Übergang im Ta 181 »penetration«-Matrixelemente mit zufriedenstellender Genauigkeit abzuleiten.
In den letzten Jahren wurde von mehreren Autoren über Anomalien von $e^-\gamma$-Winkelkorrelationen bei verschiedenen niederenergetischen $E2$-Rotationsübergängen berichtet. Die Ursache dieser Anomalien ist theoretisch unverständlich. Da sich die Meßresultate zum Teil widersprechen, haben wir versucht, durch Messungen am Samarium 152 und am Dysprosium 160 zur Aufklärung beizutragen.
Im Folgenden wird zunächst eine knappe Darstellung der Theorie der $e^-\gamma$-Winkelkorrelationen (im folgenden mit W.K. abgekürzt) gegeben, und es wird gezeigt, welcher Zusammenhang mit den »penetration«-Matrixelementen besteht. Im zweiten Teil der Arbeit wird die zur Durchführung der Messungen neu aufgebaute Präzisionsapparatur mit vier Detektoren beschrieben, und es wird über die durchgeführten Messungen und ihre Interpretation berichtet.

II. Winkelkorrelationstheorie

Die allgemeine Winkelkorrelationstheorie für Kernstrahlung wird in mehreren Arbeiten ausführlich behandelt [2, 3, 4]. An dieser Stelle soll lediglich auf einige Zusammenhänge hingewiesen werden, die zum Verständnis dieser Arbeit notwendig sind.

Im Dichtematrixformalismus hat die ungestörte W.K.-Funktion für zwei in Kaskade emittierte Quanten, deren Impulsrichtungen k_1 und k_2 seien, die allgemeine Gestalt:

$$W(k_1, k_2) = \sum_{m, m'} \langle m | \varrho(k_1) | m' \rangle \langle m' | \varrho(k_2) | m \rangle \quad (1)$$

Beide Faktoren hängen jeweils nur von einem Übergang ab.

Die Dichtematrixelemente haben in Drehimpulsdarstellung die folgende Form:

$$\langle m | \varrho(k) | m' \rangle = \int \sum_{L\mu\Pi} \sum_k (-1)^{2I - I_i + m - \mu'} (2k + 1) \langle 0\sigma | L\mu\Pi \rangle \times$$

$$\langle 0\sigma' | L'\mu'\Pi' \rangle^* \begin{pmatrix} L L' k \\ \mu - \mu' \tau \end{pmatrix} \begin{pmatrix} I I k \\ m' - m N \end{pmatrix} \begin{Bmatrix} I I k \\ L L' I_i \end{Bmatrix} \langle I \| L\Pi \| I_i \rangle \langle I \| L'\Pi' \| I_i \rangle^* D^k_{N\tau}(\bar{z} \to k)$$

(2)

In (2) treten neben $3j$- und $6j$-Symbolen im wesentlichen die reduzierten Kernübergangsmatrixelemente $\langle I \| L\Pi \| I_i \rangle$ und die Drehmatrix $D^k_{N\tau}(\bar{z} \to k)$ auf, die eine Drehung der Quantisierungsachse z in die Emissionsrichtung k bewirkt. Die Ausdrücke $\langle k\sigma | L\mu\Pi \rangle$ sind Transformationskoeffizienten, die beim Übergang von der Ebenen-Wellen-Darstellung $\langle k\sigma |$ zur Drehimpulsdarstellung $\langle L\mu\Pi |$ auftreten. Sie enthalten die Strahlungseigenschaften. Das Summationssymbol $\int$ charakterisiert die Art des Experiments (Richtungskorrelation, Polarisationskorrelation, ...) und stellt formal die Mittelung über unbeobachtete Größen dar. Alle Faktoren in (2), die von den speziellen Eigenschaften der im Experiment beobachteten Strahlung abhängen, werden im Racah-Strahlungsparameter zusammengefaßt:

$$c_{k\tau}(L', L) = \int \sum_{\mu\mu'} (-1)^{L' - \mu'} (2k + 1)^{1/2} \begin{pmatrix} L L' k \\ \mu - \mu' \tau \end{pmatrix} \langle 0\sigma | L\mu\Pi \rangle \langle 0\sigma' | L'\mu'\Pi' \rangle^* \quad (3)$$

Für jede Kernstrahlung ($\alpha, \beta, \gamma, e^-, \ldots$) und für jede Art von Korrelationsexperiment lassen sich die Strahlungsparameter berechnen. Im Rahmen dieser Arbeit interessieren wir uns für polarisationsunempfindliche Richtungskorrelationen zwischen Gammaquanten und Konversionselektronen. Wir wollen daher kurz auf diese speziellen Strahlungsparameter eingehen.

Die Gamma-Strahlungsparameter haben sowohl für reine elektrische als auch für reine magnetische Übergänge die Gestalt

$$c_{k0}(L, L) = 1/2 \, (-1)^{L-1} (2L + 1) (2k + 1)^{1/2} \begin{pmatrix} L L k \\ 1 -1 0 \end{pmatrix} (1 + (-1)^{2L+k}) \quad (4)$$

Daher läßt sich aus $\gamma\gamma$-W.K. keine Aussage über die relative Parität zweier Kernzustände gewinnen. Aus dem letzten Faktor in (4) folgt, daß nur Strahlungsparameter mit geradem k von Null verschieden sind. Für gemischte Übergänge gilt entsprechend

$$c_{k0}(L, L') = 1/2 \, (-1)^{L-1} \, [(2L+1)(2L'+1)(2k+1)]^{1/2} \begin{pmatrix} L & L' & k \\ 1 & -1 & 0 \end{pmatrix} (1-(-1)^{L+L'+k}) \tag{5}$$

Für gerades k, das heißt bei Paritätsinvarianz der starken Wechselwirkung, haben die c_{k0}-Koeffizienten also die Gestalt:

$$c_{k0}(L, L') = (-1)^{L-1} \, [(2L+1)(2L'+1)(2k+1)]^{1/2} \begin{pmatrix} L & L' & k \\ 1 & -1 & 0 \end{pmatrix} \tag{6}$$

Beim Konversionsprozeß wird die Kernübergangsenergie durch virtuelle, elektromagnetische Strahlung $|L, M, \Pi\rangle$ direkt auf ein im Zustand $|j_e \mu_e \Pi_e\rangle$ gebundenes Hüllenelektron übertragen, das nach der Energieabsorption in einen Kontinuumszustand $|j \mu \Pi\rangle$ übergeht. Dieser Absorptionsprozeß, der durch den Operator Q beschrieben wird, geht in den Strahlungsparameter mit ein:

$$c_{k\tau}(L', L) = \int \sum_{j, \mu} (-1)^{L+j'+j_e-\mu'} (2j_e+1)^{-1} [(2j+1)(2j'+1)(2k+1)]^{1/2} \begin{pmatrix} j & j' & k \\ \mu & -\mu' & \tau \end{pmatrix} \tag{7}$$

$$\begin{Bmatrix} j & j' & k \\ L' & L & j_e \end{Bmatrix} \langle 0\sigma | j\mu\Pi\rangle \langle 0\sigma' | j'\mu'\Pi'\rangle^* \langle j\Pi \| Q(L,\Pi) \| j_e \Pi_e\rangle \langle j'\Pi' \| Q(L'\Pi') \| j_e \Pi_e\rangle^*$$

Nach Einführung der relativistischen Drehimpulsparameter

$$\varkappa = \begin{array}{l} l \quad \text{für } j = l-1/2 \\ -l-1 \quad \text{für } j = l+1/2 \end{array} \tag{8}$$

und nach Berechnung der Transformationskoeffizienten erhält man schließlich:

$$c_{k0}(L', L) = 2/2j_e + 1 \sum_{\varkappa, \varkappa,} (-1)^{L'+2j+2j'} [(2l+1)(2l'+1)(2k+1)]^{1/2} \varkappa \varkappa' \begin{pmatrix} l & l' & k \\ 0 & 0 & 0 \end{pmatrix}$$

$$\begin{Bmatrix} l & l' & k \\ j' & j & j_e \end{Bmatrix} \begin{Bmatrix} l & l' & k \\ j' & j & 1/2 \end{Bmatrix} \langle \varkappa \| Q(L\Pi) \| \varkappa_e\rangle \langle \varkappa' \| Q(L'\Pi') \| \varkappa_e\rangle^* e^{i(\Delta\varkappa - \Delta\varkappa')} \tag{9}$$

Durch die reduzierten Übergangsmatrixelemente der Elektronen $\langle \varkappa \| Q(L\Pi) \| \varkappa_e\rangle$ werden die Strahlungsparameter von der Parität des Kernübergangs abhängig. Bei $e-\gamma$-W.K.-Messungen läßt sich daher entscheiden, ob der konvertierte Übergang elektrischen oder magnetischen Multipolcharakter besitzt.
Allgemein betrachtet man die $\gamma\gamma$-W.K.-Funktion als »Standardfunktion«, die in modifizierter Form auch zur Auswertung von Korrelationsexperimenten mit beliebiger Kernstrahlung herangezogen werden kann. Die Gamma-Strahlungsparameter müssen durch die Parameter der im Experiment beobachteten Strahlung ersetzt werden. Die $\gamma\gamma$-W.K.-Funktion, wie sie zur Auswertung ungestörter Messungen benutzt wird, hat die Form

$$W_{\gamma\gamma}(\Theta) = 1 + \sum_k A_k(\gamma_1) A_k(\gamma_2) P_k(\cos \Theta) \tag{10}$$

mit

$$A_k(\gamma) = 1/1+\delta^2 \, [F_k(LL, I_iI) + 2\delta F_k(LL', I_iI) + \delta^2 F_k(L'L', I_iI)] \tag{11}$$

und
$$\delta = \frac{\langle I \| L' \| I_i \rangle}{\langle I \| L \| I_i \rangle}; \qquad L' = L+1 \qquad (12)$$

Beim Übergang zur e^--γ-W.K. erhält man

$$W_{e-\gamma}(\Theta) = 1 + \sum_k A_k(e^-)\, A_k(\gamma)\, P_k(\cos\Theta) \qquad (10')$$

mit

$$A_k(e^-) = 1/1+p^2\,[b_k(e_x^-,LL\Pi)\,F_k(LL,I_iI) + 2p\,b(e_x^-,LL'\Pi)\,F_k(LL',I_iI) +$$
$$p^2 b_k(e_x^-, L'L'\Pi')\, F_k(L'L', I_iI)] \qquad (11')$$

und

$$p = \sqrt{\frac{\alpha(L',\Pi')}{\alpha(L,\Pi)}}\,\delta \qquad (12')$$

Die F-Koeffizienten wurden von FERENTZ und ROSENZWEIG [5] tabelliert. $\alpha(L,\Pi)$ sind die Konversionskoeffizienten des Strahlungsübergangs, x bezeichnet die Schale, in der sich die Elektronen im gebundenen Zustand befinden, δ^2 bzw. p^2 geben das Intensitätsverhältnis der $2^{L'}$- zur 2^L-Polstrahlung der Gamma- bzw. der e^--Strahlung an. Die Partikelparameter

$$b_k = \frac{c_{k0}(e_x^-, LL'\Pi)}{c_{k0}(\gamma, LL')} \cdot \text{Normierungsfaktor} \qquad (13)$$

sind im wesentlichen von den radialen Übergangsmatrixelementen der Elektronen R_x abhängig. Zur Berechnung der Partikelparameter liefert die Theorie folgende Beziehungen:

a) *Elektrische 2^L-Polstrahlung*

$$b_2^e = 1 + \frac{3}{L(L+1)-3} \cdot \frac{L}{2L+1} \cdot \frac{|L+1+T_e|^2}{L(L+1)+|T_e|^2} \qquad (14)$$

mit

$$T_e = e^{i(\delta_L - \delta_{-L-1})}\, R_L^e / R_{-L-1}^e$$

b) *Magnetische 2^L-Polstrahlung*

$$b_2^m = 1 + \frac{3}{L(L+1)-3} \cdot \frac{L(L+1)}{2L+1} \cdot \frac{|1-T_m|^2}{L+1+L|T_m|^2} \qquad (15)$$

mit

$$T_m = e^{i(\delta_{L+1}-\delta_{-L})}\, R_{L+1}^m / R_{-L}^m$$

Aus den b_2-Werten lassen sich die b_4-Werte mit Hilfe einer Rekursionsformel bestimmen:

$$b_4^{e,m} = 1 + \frac{10\,[L(L+1)-3]}{3\,[L(L+1)-10]}\,(b_2^{e,m} - 1) \qquad (16)$$

Bei gemischten Übergängen ist der Partikelparameter des Interferenzterms von k unabhängig. Für eine $E1$–$M2$-Mischung gilt

$$b(E1/M2) = \frac{2}{\sqrt{15}} \frac{\text{Re}\,[e^{i(\eta_e - \eta_m)} e^{i(\delta_1 - \delta_3)}(1-1/T_e)(1+3/2\,T_m)^*]}{\sqrt{(1+2/|T_e|^2)(1+3/2\,|T_m|^2)}} \qquad (17)$$

Die Phasenfaktoren werden bestimmt durch

$$e^{i\eta e} = R_1^e/|R_1^e|\,;\quad e^{i\eta m} = R_3^m/|R_3^m|$$

Im Falle einer $M1$–$E2$-Mischung erhält man den folgenden Ausdruck:

$$b(M1/E2) = -\frac{1}{\sqrt{5}}\frac{\operatorname{Re}[e^{i(\Theta_e - \Theta_m)}(1 + 2/T_m^*)(1 - 2/T_e)]}{\sqrt{(1 + 2/|T_m|^2)(1 + 6/|T_e|^2)}} \tag{18}$$

mit den Phasenfaktoren

$$e^{i\Theta e} = R_2^e/|R_2^e|\,;\quad e^{i\Theta m} = R_2^m/|R_2^m|$$

In einer Reihe von Tabellen sind Konversionskoeffizienten, Partikelparameter und teilweise auch die als Zwischenergebnisse auftretenden radialen Matrixelemente veröffentlicht. Die Tafeln der Partikelparameter sind bislang sehr unvollständig. BIEDENHARN und ROSE [2] haben für das Modell einer punktförmigen Kernladungsverteilung K-Elektronenpartikelparameter in einem Energieintervall zwischen 150 keV und 2,5 MeV berechnet*. ROSE [6] gibt für den gleichen Energiebereich radiale Matrixelemente an, bei deren Berechnung Abschirmungseffekte und endliche Kerngröße unberücksichtigt blieben. Diese Tabellen sind die bisher ausführlichsten. Fehler, die sich aus den erwähnten theoretischen Näherungen ergeben, sind nicht immer vernachlässigbar klein. Extrapolationen zu kleineren Energiewerten können fehlerhafte Resultate liefern.

Von SLIV und BAND [7] wurden, unter Berücksichtigung der Ladungsabschirmung und »statischer« Effekte der endlichen Kerngröße, K- und L-Elektronenpartikelparameter, radiale Matrixelemente $R_\varkappa$ und Coulombphasen $\delta_{-1} - \delta_\varkappa$ berechnet. Diese Daten sind nur auf schwere Kerne ($Z \geq 81$ für K-Schale, $Z \geq 73$ für L-Schale) anwendbar. Neuere Tabellen von PAULI [8]* sowie von HAGER und SELTZER [9]* sind erst teilweise veröffentlicht.

In allen berechneten Konversionsdaten sind »dynamische« Effekte der endlichen Kerngröße vernachlässigt, da sie von den Eigenschaften spezieller Kernmodelle abhängen. Auf diese soll im folgenden eingegangen werden.

Die endliche Ausdehnung des Atomkerns wirkt sich in doppelter Hinsicht auf die Berechnung von Konversionsdaten aus. Einmal werden die Elektronenwellenfunktionen in der Umgebung des Kerns durch die endliche Ladungsverteilung verändert. Dieser »statische« Effekt ist in neueren Berechnungen berücksichtigt. Zum anderen tritt ein »dynamischer« Effekt auf (im folgenden als »penetration«-Effekt bezeichnet), für den eine kurze anschauliche Erklärung gegeben werden soll.

Der Atomkern besitzt eine räumliche Ausdehnung, und die Hüllenelektronen haben eine kleine, aber endliche Aufenthaltswahrscheinlichkeit am Kernort. Daher kann die Wechselwirkung zwischen Kern und Elektron sowohl im Außenraum des Kerns als auch in seinem Inneren stattfinden. Außerhalb des Kerns ist die Wahrscheinlichkeit des Konversionsprozesses direkt proportional zur Gamma-Übergangswahrscheinlichkeit. Im Inneren des Kernpotentials wird die Wechselwirkung jedoch von der Verteilung der Übergangsströme und Ladungen, das heißt von der dynamischen Kernstruktur, abhängen. Da das Überlappungsgebiet der Elektronen- und Kernwellenfunktionen sehr klein ist, wird die Konversion im Kerninneren nur dann einen meßbaren Beitrag liefern, wenn die Wechselwirkung im Außenraum durch Auswahlregeln sehr stark

---

* Beim Gebrauch dieser Tabelle ist darauf zu achten, daß die Interferenzparameter $b(M1/E2)$ falsches Vorzeichen [10] haben.
* Einige theoretische Daten wurden uns von diesen Autoren vor der Publikation mitgeteilt.

behindert ist, die sich nicht auf das Innere des Kerns auswirken. Im allgemeinen ist deshalb eine Vernachlässigung der »penetration«-Terme berechtigt. Durch Auswahlregeln der asymptotischen Quantenzahlen im Nilssonmodell oder durch die l-Auswahl im Schalenmodell können speziell Dipolübergangswahrscheinlichkeiten stark reduziert werden, während die Größenordnung der »penetration«-Terme unverändert bleibt. Dagegen werden bei K-verbotenen Übergängen Gamma- und »penetration«-Matrixelement in gleicher Weise beeinflußt. Diese eignen sich daher nicht zu Experimenten, die den Einfluß der endlichen Kerngröße auf Konversionsdaten zeigen sollen.

Auf Grund des »penetration«-Effekts können theoretische und experimentelle Werte von Konversionskoeffizienten und Partikelparametern voneinander abweichen.

Diese Abweichungen sind durch die Struktur des Atomkerns bedingt und lassen daher Rückschlüsse auf den Kernaufbau zu.

Die theoretische Behandlung des »penetration«-Effekts ist Gegenstand zahlreicher Arbeiten. Von CHURCH und WENESER [11] wurde bereits 1956 der Einfluß der endlichen Kerngröße auf die Innere Konversion (K-Schale) klargelegt und für $M1$-Übergänge ausführlich behandelt. NILSSON und RASMUSSEN [12] haben die Theorie auch auf $E1$-Strahlung ausgedehnt. Sie geben Auswahlregeln für normale Dipolmatrixelemente und für »penetration«-Matrixelemente an. Eine zusammenfassende Darstellung wurde von CHURCH und WENESER [13] gegeben. In einer kürzlich erschienenen Arbeit von PAULI [8] ist eine Parameterisierung gewählt worden, die den Einfluß dynamischer Effekte in einfacher Weise beschreibt.

Die folgenden Betrachtungen lehnen sich an die Darstellungen von CHURCH und WENESER und von PAULI an. Sie sollen zum Verständnis des »penetration«-Effekts beitragen und die Beziehungen angeben, die zur Interpretation dieses Effekts auf unsere Meßresultate angewendet wurden. Die Hamiltonfunktion, die den Inneren Konversionsprozeß beschreibt, lautet in retardierter Form:

$$H' = -\int d\tau_n d\tau_e (\bar{j}_n \bar{j}_e - \varrho_n \varrho_e) \frac{e^{ik(\bar{r}_n - \bar{r}_e)}}{|\bar{r}_n - \bar{r}_e|} \quad (19)$$

Dabei bedeutet

$$\varrho_e = -e\,\psi_f^*(\bar{r}_e)\,\psi_i(\bar{r}_e)$$
$$j_e = -e\,\psi_f^*(\bar{r}_e)\,\alpha\,\psi_i(\bar{r}_e) \quad (20)$$

die Ladungs- bzw. Stromdichte der Elektronen. Die entsprechenden Kerngrößen sind modellabhängig.

Entwickelt man H' nach Multipolen, dann läßt sich in dieser Darstellung die Aufspaltung in einen elektrischen und einen magnetischen Anteil durchführen. Vom elektrischen Teil kann man ferner den $E0$-Term separieren und diese drei Anteile weiterhin getrennt behandeln.

$$H' = \sum_{L,M} H'_{LM}(M) + \sum_{LM} H'_{LM}(E) + H'(E, L = 0) \quad (21)$$

Der magnetische Teil in (21) enthält keine Ladungsterme und ist daher übersichtlicher als der elektrische Teil der Wechselwirkung.

$$H'_{LM}(M) = -4\Pi ik \int_0^\infty d\tau_n \bar{j}_n A^*_{LM} \int_0^\infty d\tau_e \bar{j}_e B_{LM}$$
$$+ \left[4\Pi ik \int_0^\infty d\tau_n \bar{j}_n A^*_{LM} \left\{ \int_0^{r_n} d\tau_e \bar{j}_e B_{LM} - \frac{b_L}{j_L} \int_0^{r_n} d\tau_e \bar{j}_e A_{LM} \right\} \right] \quad (22)$$

A_{LM} und B_{LM} sind Multipolfelder auslaufender bzw. stehender Wellen. Die sphärischen Bessel- und Hankelfunktionen j_L und h_L treten wegen der Retardierung an Stelle von r^L und $1/r^{L+1}$ auf. Innerhalb der eckigen Klammer steht das »penetration«-Matrixelement. Es unterscheidet sich vom normalen Gamma-Matrixelement durch radiale Faktoren, die den Übergangsströmen in jedem Aufpunkt des Kerns ein anderes Gewicht geben.

In Gleichung (22) ist eine Separierung in einen Kern- und Elektronenanteil nur bei Vernachlässigung des »penetration«-Terms möglich. Es ist zweckmäßig, das Kerngamma-Matrixelement als gemeinsamen Faktor herauszuziehen:

$$H'_{LM}(M) = 4\Pi i k \int_0^\infty d\tau_n \bar{j}_n A_{LM}(M) M_{LM}(M) \tag{23}$$

Die Größe $M_{LM}(M)$ setzt sich additiv aus einem »statischen« und einem »dynamischen« Matrixelement zusammen:

$$M_{LM}(M) = M^s_{LM}(M) + M^d_{LM}(M) \tag{24}$$

Während M^s im wesentlichen von den Elektronenwellenfunktionen bestimmt wird, gehen in M^d Kerneigenschaften mit ein. Nach Integration über die Winkelkoordinaten erhält man ein reduziertes Matrixelement, das wieder aus einem statischen und dynamischen Anteil besteht:

$$\langle \varkappa \| ML \| \varkappa_i \rangle \sim [R_{\varkappa\varkappa_i}(ML) + T_{\varkappa\varkappa_i}(ML)] \tag{25}$$

$R_{\varkappa\varkappa}(ML)$ sind die radialen Integrale, die bereits im vorigen Kapitel verwendet wurden. $T_{\varkappa\varkappa_i}(ML)$ läßt sich nach $x = r/R$ (Kernradius $R = 1{,}2 \, A^{1/3} \, 10^{-13}$ cm) entwickeln.

$$T_{\varkappa\varkappa_i}(ML) = i(2L+1)!! \frac{1}{k(kR)^L} \sum_{m=0}^\infty f_m \lambda_m^{(p)} \tag{26}$$

mit

$$\lambda_m^{(p)} = \frac{\langle I_f \| \bar{j}_n L x^{p+2m} Y_L \| I_i \rangle}{\langle I_f \| \bar{j}_n L x^L Y_L \| I_i \rangle}$$

Die Parameter $\lambda_m^{(p)}$ enthalten die Kerneigenschaften, die f_m-Koeffizienten sind für eine angenommene Ladungsverteilung exakt berechenbar. Schließlich kann man durch Ausführung der Summation in (26) die Anzahl der Kernparameter auf einen reduzieren.

$$T_{\varkappa\varkappa_1}(ML) = i \frac{(2L+1)!!}{k(kR)^L} f_0(\varkappa\varkappa_i) \lambda \tag{27}$$

Man sieht, daß nur der Imaginärteil des reduzierten Matrixelements (25) durch $T_{\varkappa\varkappa_i}$ beeinflußt wird.

Bei magnetischen 2^L-Polübergängen können Elektronen aus der K-Schale ($\varkappa_i = -1$) in zwei Kontinuumszustände mit den Quantenzahlen $\varkappa = -L$ und $\varkappa = L+1$ gestreut werden. Die Wahrscheinlichkeitsamplitude des $\varkappa = -L$-Zustands am Kernort und die gesamte Übergangswahrscheinlichkeit in diesen Zustand sind wesentlich größer als die analogen Größen des $\varkappa = L+1$-Zustands. Der Einfluß des »penetration«-Effekts auf letzteren wird daher vernachlässigt. Allgemein nimmt die Amplitude der Elektronenwellenfunktionen am Kernort mit wachsendem Drehimpuls stark ab. Eine merkliche Beeinflussung wird nur bei Dipolübergängen erwartet.

Die Abweichungen experimenteller Resultate von der Theorie drücken wir durch Anomaliefaktoren $\varDelta$ aus:

$$\begin{aligned}\beta(M1) &= \beta^0(M1) \cdot \varDelta \\ b_2(M1) &= b_2^0(M1) \cdot \varDelta'; \quad b(M1/E2) = b^0(M1/E2) \cdot \varDelta''\end{aligned} \qquad (28)$$

Diese Faktoren lassen sich in folgender Weise durch λ ausdrücken:

$$\begin{aligned}\varDelta &= 1 + a_1 \lambda + a_2 \lambda^2 \\ \varDelta' &= (1 + b_1 \lambda + b_2 \lambda^2)/\varDelta; \quad \varDelta'' = (1 + c_1 \lambda)/\varDelta^{1/2}\end{aligned} \qquad (29)$$

Die Koeffizienten b_i, c_i und a_i können berechnet werden. Durch Vergleich von Experiment und Theorie läßt sich der »penetration«-Parameter nach den Beziehungen (28) und (29) bestimmen.

Die theoretische Behandlung des elektrischen Teils der Wechselwirkung (21) wird durch die auftretenden Ladungsterme wesentlich unübersichtlicher als die Entwicklung der magnetischen Multipole. Formal läßt sich jedoch, analog zu Gleichung (23), das Kerngamma-Matrixelement als gemeinsamer Faktor aus der Hamiltonfunktion herausziehen:

$$H'_{LM}(E) = 4\Pi i k \int_0^\infty d\tau_n \bar{j}_n A^*_{LM}(E) \cdot M_{LM}(E) \qquad (30)$$

$M_{LM}(E)$ besteht auch in diesem Fall wieder aus einem reinen Elektronenanteil und aus einem Term, der kernstrukturabhängig ist. Für letzteren erhält man schließlich:

$$T_{\varkappa\varkappa_i}(EL) = i \frac{(2L+1)!!}{L+1} \cdot \frac{1}{k(kR)^L} \cdot \frac{1}{(1+c)} \cdot \sum_{m=0}^\infty d_m \eta_m^{(p)} + e_m \xi_m^{(\bar{p})} \qquad (31)$$

mit

$$\eta_m^{(p)} = \frac{\langle I_f \| i \bar{j}_n \hat{r} x^{p+2m} Y_L \| I_i \rangle}{\langle I_f \| \varrho_n x^L Y_L \| I_i \rangle}; \quad \xi_m^{(\bar{p})} = \frac{\langle I_f \| \varrho_n x^{\bar{p}+2m} Y_L \| I_i \rangle}{\langle I_f \| \varrho_n x^L Y_L \| I_i \rangle} \qquad (32)$$

Im Falle elektrischer Multipolstrahlung treten zwei Sätze von »penetration«-Parametern auf. Diese sind durch Summation wiederum auf jeweils einen Parameter zu reduzieren:

$$T_{\varkappa\varkappa i}(EL) = i \frac{(2L+1)!!}{k(kR)^L (L+1)} (d_0(\varkappa, \varkappa_i) \cdot \eta + e_0(\varkappa, \varkappa_i) \xi) \qquad (33)$$

Auf Grund ihrer Definition (32) bezeichnen wir η als stromabhängigen, ξ als ladungsabhängigen Parameter. Bei Dipolübergängen kann ξ vernachlässigt werden, da er mit einem sehr kleinen Gewichtsfaktor in die Rechnung eingeht.

Wir haben folgende Formeln zur Ermittlung der »penetration«-Parameter aus unseren Experimenten benutzt:

$$\alpha(E1) = \alpha^0(E1) \cdot \varDelta; \quad b_2(E1) = b_2^0(E1) \cdot \varDelta'; \quad b(E1/M2) = b^0(E1/M2) \cdot \varDelta'' \qquad (34)$$

Der Zusammenhang zwischen den Anomaliefaktoren und den »penetration«-Parametern wird gegeben durch:

$$\Delta = 1 + a_1\eta + a_2\eta^2 + a_3\eta\xi + a_4\xi + a_5\xi^2$$
$$\Delta' = (1 + b_1\eta + b_2\eta^2 + b_3\eta\xi + b_4\xi + b_5\xi^2)/\Delta \quad (35)$$
$$\Delta'' = (1 + c_1\eta + c_2\xi)/\Delta^{1/2}$$

Die in (35) angegebene Parameterisierung wird in neueren Arbeiten [8, 9] verwendet. Der Zusammenhang dieser Bezeichnungsweise mit der anderer Autoren wird von PAULI [8] gezeigt.

III. Beschreibung der Meßapparaturen

Die Apparaturen, die im Rahmen dieser Arbeit benutzt wurden, weisen in der mechanischen und elektronischen Konzeption große Ähnlichkeiten auf. Die gemeinsamen Eigenschaften sollen zunächst erwähnt werden.
Die Gammadetektoren sind, teilweise beweglich, an runden Drehtischen aus Stahl befestigt. Um Korrekturen auf unterschiedliche Ansprechwahrscheinlichkeit zu vermeiden, durchläuft jedes Detektorpaar alle Winkelstellungen. Die Detektorpositionen sind durch einen Einrastmechanismus reproduzierbar festgelegt.
Die verwendeten elektronischen Bausteine sind transistorisiert. Alle benutzten Koinzidenzkreise arbeiten nach dem »fast-slow«-Prinzip. Elektronische Zeitgebereinheiten gestatten eine Variation der Meßzeiten pro Winkelstellung in einem großen Zeitbereich und garantieren gleichlange Meßzeiten in allen Detektorpositionen. Automatische Impulshöhenstabilisatoren gleichen Verstärkungsschwankungen in den Gammakanälen aus. Einzelzählraten und Koinzidenzraten werden in Impulszählern registriert und vor jeder Änderung der Winkelstellung über Schreibmaschine und Lochstreifenstanzer ausgegeben.
Der Ablauf einer Messung erfolgt vollautomatisch. In jedem zweiten Meßzyklus wird die Reihenfolge der Winkelstellungen in entgegengesetzter Richtung durchlaufen. Die Meßzeit in einer Position der Detektoren ist so bemessen, daß die Abnahme der Aktivität auf Grund des radioaktiven Zerfalls während zweier Meßzyklen als zeitlich linear betrachtet werden kann.
Zur Bestimmung von $e^-\text{-}\gamma$-W.K. haben wir eine 4-Detektoranlage neu aufgebaut. Diese Apparatur besteht aus zwei unter 90° zueinander fest montierten magnetischen Linsenspektrometern zur Energiediskriminierung der Konversionselektronen und aus zwei beweglichen NaJ(Tl)-Szintillationszählern zur Registrierung der Gammastrahlung. Die Betalinsen und eine Meßtischplatte, die zur Vermeidung von Magnetfeldstörungen aus nichtmagnetisierbarem V 2 A-Stahl gefertigt ist, ruhen auf einem Pumpstand. Die Linsenspektrometer werden über einen gemeinsamen Pumpstutzen und über eine Vakuumkammer (zum Einbau der Meßquelle) auf einen Enddruck von besser als 10^{-4} Torr evakuiert. Der Meßtisch trägt die beiden beweglichen Gammadetektoren. Er ist auf drei, in der Höhe verstellbaren Kugelrollen gelagert, um eine Justierung der Gammazähler gegenüber den Linsen zu ermöglichen. Mit Hilfe eines Kreuztisches kann er in der Detektorebene beliebig verschoben werden.

Zum Nachweis der energetisch selektierten Elektronen werden Szintillationszähler an der Rückseite der Linsenspektrometer angeflanscht. Konisch geformte Plastikszintillatoren (Naton 136) sind über Plexiglaslichtleiter mit rauscharmen 56 AVP- oder EMI 9536 SA-Elektronenvervielfachern gekoppelt.

Die verwendeten Linsenspektrometer wurden im Physikalischen Institut der Universität Uppsala entwickelt und hergestellt. Eine sehr detaillierte Darstellung aller Spektrometereigenschaften wird von KLEINHEINZ und Mitarbeitern [14] gegeben. Das relative Auflösungsvermögen (Halbwertsbreite/Peaklage) dieses Spektrometertyps ist nahezu energieunabhängig. Es beträgt für eine Quelle von 4 mm Durchmesser bei voller Transmission (2,2%) ungefähr 6%. Durch Verkleinerung der Transmission und des Präparatdurchmessers läßt es sich jedoch bis unter 1% verbessern.

Zum Nachweis der Gammastrahlung dienen $3'' \times 3''$-NaJ(Tl)-Detektoren (XP 1040 Fotovervielfacher), die schwenkbar montiert sind, so daß jedes Elektron–Gamma-Spektrometerpaar in drei Stellungen nacheinander einen Winkel von 90, 135 und 180° einschließen kann. In Abb. 1 sind die drei Positionen der Gammadetektoren beim Durchlaufen eines Meßzyklus dargestellt.

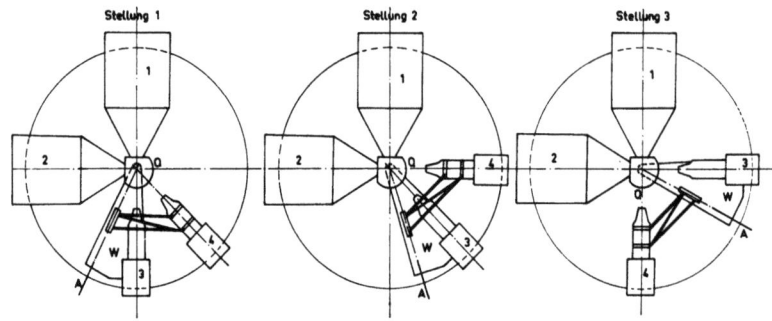

Abb. 1   Positionen der Detektoren in den drei Winkelstellungen eines Meßzyklus

Mit der von uns gewählten 4-Detektoranordnung erreicht man die bestmögliche Symmetrie. Systematische Fehler wirken sich bei einer solchen Anlage oft unterschiedlich auf die Ergebnisse in den verschiedenen Koinzidenzkanälen aus. Sie können daher leichter erkannt und eliminiert werden als bei einem 2-Detektoraufbau. Darüber hinaus ist die Zahl der registrierten Koinzidenzereignisse gegenüber einer einfachen Meßanordnung bei gleicher Meßdauer um einen Faktor 4 größer.

Die Abb. 2 zeigt ein Blockschaltbild des elektronischen Aufbaus. Das Zeitauflösungsvermögen 2τ der Koinzidenzkreise lag bei allen Messungen zwischen 70 und 120 Nanosekunden. Bei einem Experiment (145 K – 251 γ, Lu 175) erzielten wir mit einer zusätzlichen, schnellen Koinzidenzstufe [15] Auflösungszeiten von 10 ns und konnten so das sehr ungünstige Verhältnis von echten zu zufälligen Koinzidenzereignissen wesentlich verbessern.

Die Stromversorgung der Linsenspektrometer ist auf 3×10^{-4} stabilisiert.

Zur Bestimmung von Konversionselektron-Partikelparametern benötigen wir außer der $e^-\gamma$-Messung auch ein $\gamma\gamma$-Experiment derselben Kaskade, das mit der gleichen radioaktiven Quelle durchgeführt worden ist. Abschwächungen durch innere Felder sind dann in beiden Fällen gleich und heben sich bei der Ermittlung des Partikelparameters gegenseitig auf. Die $\gamma\gamma$-Experimente haben wir mit einer 3-Detektorapparatur durchgeführt. Sie ermöglicht zeitlich integrale $\gamma\gamma$-W.K.-Messungen mit hoher statistischer Genauigkeit. Da jeder Detektor ($1,75'' \times 2''$-NaJ(Tl)-Kristalle,

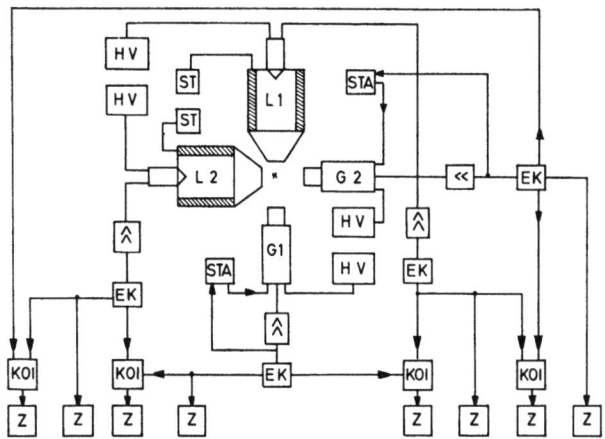

EK = Einkanal
KOI = „fast - slow"- Koinzidenz
ST = Stromversorgung
STA= Stabilisator
Z   = Zähler
L   = Linsenspektrometer
G   = Gammadetektor

Abb. 2   Blockschaltbild der Elektronik

153-AVP-Elektronenvervielfacher) beide Kaskadenübergänge registriert, ergeben sich sechs Kombinationsmöglichkeiten zur Messung koinzidenter Ereignisse.
Die Experimente an dieser Maschine wurden unter neun Winkeln zwischen 60 und 180° durchgeführt. Einzelheiten des mechnischen und elektronischen Aufbaus sind in den Diplomarbeiten von R. M. LIEDER [16] und M. POPP [17] beschrieben.
In einem Fall (Ta 181) haben wir eine 2-Detektorapparatur verwendet, um die zeitliche Veränderung von $\gamma\gamma$-W.K.-Koeffizienten durch Störung innerer Felder zu untersuchen.
An den Detektoren (1,5"×2"-NaJ(Tl)-Kristalle, 56-AVP-Vervielfacher) wird ein Zeitsignal an der Anode und ein energieproportionaler Impuls an der zehnten Dynode abgegriffen. Mit Hilfe von Zeit-Impulshöhenkonvertern läßt sich das Auftreten koinzidenter Ereignisse zeitlich differenziell untersuchen. Wir haben Zeitspektren unter drei Winkeln (90, 135, 180°) der Detektoren zueinander in drei Untergruppen eines 512-Kanal-Analysators aufgenommen und daraus die Abschwächung der Winkelkorrelation ermittelt. Das zeitliche Auflösungsvermögen betrug 2,8 ns.
Weitere Details über diese Anlage finden sich in Diplomarbeiten von W. DELANG [18] und M. FLECK [19].
Bevor wir zur Beschreibung der Messungen übergehen, wollen wir einige Einzelheiten über die Korrektur und Auswertung der Meßdaten erwähnen. Um sicherzustellen, daß die Schwankungen aller Zählraten vorwiegend statistischer Natur sind, unterwerfen wir alle Meßdaten einem χ^2-Test. Die Koinzidenzraten werden auf zufällige Koinzidenzereignisse korrigiert.
Mit Hilfe der Einzelzählraten können geringe geometrische Dejustierungen der Quelle und kurzzeitige elektronische Schwankungen eliminiert werden.
Der endliche Raumwinkel der Gammadetektoren wird nach den von ROSE [20] angegebenen Beziehungen berücksichtigt. Für die Linsenspektrometer bestimmen wir die Öffnungswinkelkorrektur experimentell nach einer Methode, die von GERHOLM [21] vorgeschlagen wurde.

Fehler, die durch endliche Ausdehnung der Quelle auftreten können [22, 23], sind bei der geometrischen Anordnung unserer Apparatur von der Größenordnung 10^{-4} und bleiben daher bei den $e^-\gamma$-Experimenten unberücksichtigt.

Die Abschwächung der $e^-\gamma$-W.K.-Koeffizienten durch Streuung der Elektronen im Präparat korrigieren wir nach der von GIMMI et al. [22] abgeleiteten Beziehung, falls dieser Fehler gegenüber dem statistischen nicht vernachlässigbar klein ist.

Elektron–Gamma-Messungen können, bedingt durch große Streumassen in der Umgebung der Meßquelle, durch Streueffekte verfälscht werden. In einer Arbeit von KLEINHEINZ und Mitarbeitern [24] wird das Auftreten sogenannter »ghost-electrons« untersucht, die durch Streuung am Präparathalter oder an Teilen der Linsenspektrometer in den Szintillator gelangen und als echte Ereignisse registriert werden. Wir haben bei Messungen am Arsen 75 Störeffekte durch Streuung von γ-Quanten an den Linsenspektrometern beobachtet [23, 25]. An Hand des Zerfallsschemas eines Isotops, der Übergangsenergien und der Größe der W.K.-Koeffizienten läßt sich erkennen, ob störende Beeinflussungen der Experimente möglich sind. Bei allen Messungen haben wir diese Fehlerquellen in Betracht gezogen.

Die numerischen Auswertungen wurden mit der IBM 7090-Rechenanlage des Rheinisch-Westfälischen Instituts für instrumentelle Mathematik durchgeführt.

IV. Beschreibung der Experimente

a) Messungen am Tantal 181

Das Niveauschema des Tantal 181 (Abb. 3) ist durch zahlreiche Arbeiten gesichert [26–28]. Von besonderem Interesse ist der 482-keV-Übergang, der neben dem überwiegenden $E2$-Anteil auch stark retardierte $M1$-Strahlung enthält. Der Retardierungsfaktor gegenüber der Weisskopfabschätzung $F_W = T_{1/2}(\exp)/T_{1/2}(\text{WEISSKOPF})$ beträgt 10^6. Dieser Übergang eignet sich deshalb auch zur Ermittlung einer möglichen Verletzung der Paritätsinvarianz bei starker Wechselwirkung [29] und zeigt Anomalien in den Konversionsdaten [30].

Wegen des geringen Anteils an $M1$-Strahlung sind sehr genaue Messungen der Konversionskoeffizienten erforderlich, um die Größe des »penetration«-Parameters zu ermitteln. Das Auftreten eines $M1$–$E2$-Interferenzterms in den W.K.-Koeffizienten bewirkt, daß $e^-\gamma$-W.K.-Ergebnisse dem Einfluß des »penetration«-Effekts wesentlich stärker unterworfen sind.

GRABOWSKI und Mitarbeiter [31] haben 1961 $e^-\gamma$- und $\gamma\gamma$-W.K.-Messungen am Ta 181 durchgeführt. Wegen eines Vorzeichenfehlers [10] in den theoretischen Parametern, die zur Auswertung der Experimente herangezogen wurden, haben die Autoren 1965 eine neue Interpretation ihrer Meßergebnisse durchgeführt [40]. Das Verhältnis der experimentellen W.K.-Koeffizienten $A_2(133\,\gamma - 482\,K)/A_2(133\,\gamma - 482\,\gamma)$ wurde mit dem theoretischen Wert verglichen. Aus der Abweichung konnte der »penetration«-Parameter des 482-keV-Übergangs bestimmt werden.

Die Zuverlässigkeit des Resultats wird durch folgende Umstände beeinträchtigt:
1. Der Arbeit von GRABOWSKI und Mitarbeitern ist ein Zerfallsschema zugrunde gelegt, in dem der 476-keV-Übergang von einem Zustand bei 958 keV in das 482-keV-

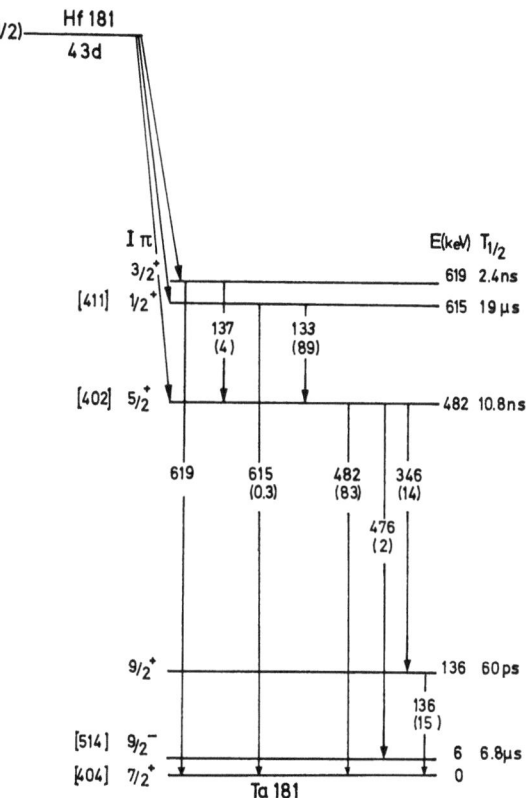

Abb. 3 Zerfallsschema des Tantal 181

Niveau führt. Die 476-keV-Quanten sind in diesem Zerfallsschema nicht mit dem 133-keV- und 137-keV-Übergang in Koinzidenz und verursachen keine Störungen der W.K.-Messungen mit dem 482-keV-Übergang. Neuere Untersuchungen [27, 28] haben gezeigt, daß der 476-keV-Übergang vom 482-keV-Zustand in ein Niveau bei 6 keV führt und somit W.K.-Experimente mit der 482-keV-Strahlung beeinflußt. Als $M2$-Übergang ist die 476-keV-Strahlung hoch konvertiert und verfälscht daher besonders das $(133 + 137)\gamma - 482$ K-Experiment.

2. Die W.K.-Koeffizienten der mit einer aufgedampften Quelle durchgeführten Messungen sind durch Störung durch innere Felder stark abgeschwächt. Daher wird der relative Fehler der Ergebnisse sehr groß, und die Aussagekraft der Resultate wird stark reduziert.

Der Spin 5/2, den GRABOWSKI und Mitarbeiter im Gegensatz zu anderen Autoren dem 619-keV-Zustand zuordnen und ein daraus resultierender Mischungsparameter des 137-keV-Übergangs, der mit anderen Messungen unverträglich ist, beeinflussen die Ermittlung des »penetration«-Parameters λ_{482} nicht.

Unsere Untersuchungen sollen neben der Ermittlung dieses Parameters zur genaueren Bestimmung weiterer kernspektroskopischer Daten dienen. Da für die Bestimmung des »penetration«-Matrixelementes eine genaue Kenntnis des Multipol-Mischungsverhältnisses des 482-keV-Übergangs notwendig ist, haben wir diese Größe zunächst durch eine Messung der $(133 + 137)\gamma - (476 + 482)\gamma$-W.K. bestimmt. In der Literatur sind zahlreiche Messungen dieser Korrelation veröffentlicht. Die Resultate sind in Tab. 1 zusammengefaßt.

Tab. 1 Unabgeschwächte Koeffizienten der $(133 + 137)\,\gamma - (476 + 482)\,\gamma$-Winkelkorrelation im Ta 181

A_2	A_4	Autoren
$-0{,}281 \pm 0{,}010$	$-0{,}071 \pm 0{,}004$	DEBRUNNER et al. [32]
$-0{,}268 \pm 0{,}004$*	$-0{,}075 \pm 0{,}004$*	MAYER et al. [33]
$-0{,}295 \pm 0{,}030$	–	GRABOWSKI et al. [31]
$-0{,}280 \pm 0{,}004$	$-0{,}058 \pm 0{,}003$	McGOWAN [34]
$-0{,}291 \pm 0{,}006$	$-0{,}071 \pm 0{,}010$	SNYDER, FRANKEL [35]
$-0{,}230 \pm 0{,}012$	$-0{,}080 \pm 0{,}020$	LINDQVIST, KARLSSON [36]

* Die Öffnungswinkelkorrektur wurde nachträglich angebracht.

Alle Autoren verwendeten flüssige Quellen von HfF_4, gelöst in konzentrierter Flußsäure, da dies die einzige bekannte Form ist, in der man fast keine Abschwächung durch innere Felder beobachtet. Wie aus der Tabelle hervorgeht, weichen die einzelnen Meßergebnisse zum Teil erheblich voneinander ab. Außerdem wurden bisher Korrekturen für Beimischungen der 137-keV- und 476-keV-Strahlungen vernachlässigt. Wir fanden, daß diese Beimischungen, vor allem der 137-keV-Strahlung, merkliche Fehler hervorrufen.

Zur Bestimmung der unabgeschwächten W.K.-Koeffizienten erschien uns eine differentielle $\gamma\gamma$-Messung der $(133 + 137)\,\text{keV} - (476 + 482)$-keV-Kaskade am geeignetsten. Zur Herstellung des Präparats wurde natürliches HfO_2 (99,9% rein) im Reaktor bestrahlt. Neben dem gewünschten Hf 181 entstand ein geringer Anteil Hf 175, der

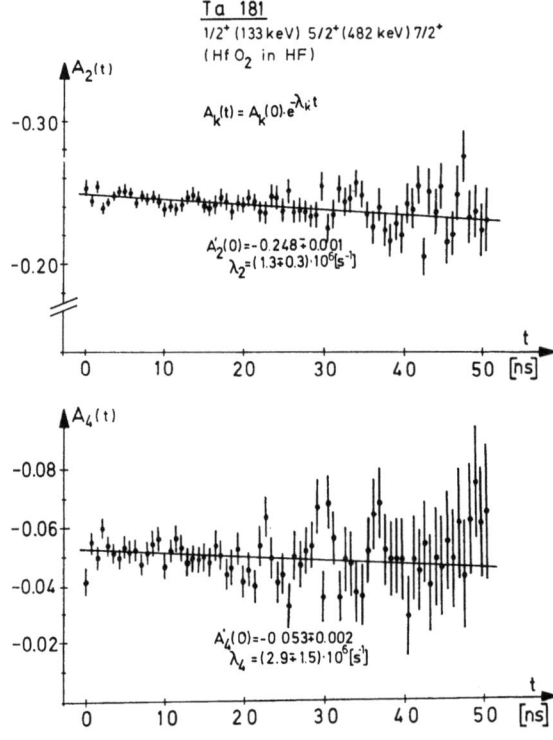

Abb. 4   Ergebnisse der differenziellen $\gamma\gamma$-Messung (unkorrigierte Werte)

wegen seiner niedrigen Gammaenergien unsere Messung jedoch nicht beeinflußte. Die Aktivität wurde in konzentrierter Flußsäure vollständig gelöst und in einem luftdicht verschlossenen Teflonbehälter als Meßquelle benutzt. Wir führten die Messung mit der 2-Detektorapparatur durch. Das Ergebnis ist in Abb. 4 dargestellt. Die Störung durch innere Felder ist offensichtlich gering. Der Angleich der Meßwerte an eine Exponentialfunktion liefert nach Berücksichtigung der Öffnungswinkelkorrektur die ungestörten Koeffizienten:

$$(133 + 137)\,\gamma - (476 + 482)\,\gamma: \quad A_2 = -0{,}271 \mp 0{,}002 \quad A_4 = -0{,}072 \mp 0{,}003$$

Wir haben bei der Analyse dieses Ergebnisses die von BOEHM und MARMIER [38] veröffentlichten Übergangsintensitäten zugrunde gelegt. Das $\gamma\gamma$-Meßergebnis ergibt sich durch Überlagerung von vier Kaskaden. Nur die 137 γ – 476 γ-Korrelation kann wegen ihrer geringen Intensität vernachlässigt werden. Neben dem überwiegenden 133 γ – 482 γ-Anteil (94%) trägt die 133 γ – 476 γ-W.K. mit 2% bei. Diese Beimischung beeinflußt das Ergebnis nur geringfügig, wenn man für beide Übergänge reine Quadrupolstrahlung annimmt. Problematischer ist die Berücksichtigung des 4%-Anteils der 137 γ – 482 γ-Kaskade, da beide Übergänge gemischten $M1/E2$-Multipolcharakter aufweisen. Zwei experimentelle Untersuchungen lassen Rückschlüsse auf das Mischungsverhältnis der 137-keV-Strahlung zu:

1. Ein β^- – 137 γ – (476 + 482) γ-Experiment von GRABOWSKI und Mitarbeitern [31] ist verträglich mit

$$0{,}25 \leq \delta(137) \leq 0{,}60$$

2. ALEXANDER und Mitarbeiter [39] erhalten aus L-Unterschalenverhältnissen

$$|\delta(137)| \leq 0{,}22$$

Diese Resultate sind miteinander nicht verträglich. Wir können aus ihnen für $\delta(137)$ nur die schwache Einschränkung gewinnen:

$$0 \leq \delta(137) \leq 0{,}6$$

Die ungenaue Kenntnis dieses Parameters erhöht den Fehler unseres Meßergebnisses bei der Analyse erheblich. Wir erhalten für die 133 γ – 482 γ-Kaskade schließlich die folgenden Koeffizienten:

<u>133 γ – 482 γ:</u> $\quad A_2 = -0{,}288 \mp 0{,}014 \quad A_4 = -0{,}076 \mp 0{,}006$

In Abb. 5 wird aus diesen Koeffizienten der Mischungsparameter für den 482-keV-Übergang graphisch ermittelt. Unser Resultat lautet:

$$\delta(482 \text{ keV}) = 6{,}25 \mp 0{,}75$$

Dieses Resultat stimmt innerhalb der Fehler mit den Werten $\delta(482) = 5{,}3^{+2{,}3}_{-1{,}3}$ von GRABOWSKI [40] und $\delta(482) = 7{,}2^{+1{,}8}_{-1{,}5}$ aus einem Linearpolarisationskorrelations-Experiment von DAVIES und HAMILTON [41] überein. Die radioaktive Quelle für die $e^-\gamma$-W.K.-Messungen wurde auf folgende Weise hergestellt: 99,9 reines Hf-Metall wurde im Reaktor der KFA Karlsruhe bestrahlt. Im Massenseparator der KFA Karlsruhe konnte die Hf 181-Aktivität in eine 1,3 mg/cm² dicke Aluminiumfolie eingeschossen werden. Wir wählten eine Aluminium-Trägerfolie aus folgenden Gründen:

1. Aluminium hat kubische Kristallstruktur. Deshalb erwartet man keine starken inneren Felder.
2. Auf Grund der niedrigen Ordnungszahl von Al werden die austretenden Elektronen nicht stark gestreut.

Bei der gewählten Einschußenergie von 40 keV beträgt die mittlere Eindringtiefe der Hf-Ionen in die Al-Folie [37] nur etwa 10 µg/cm². Abschätzungen zeigen, daß diese Schichtdicke hinreichend niedrig ist, um eine Abschwächung der $e^-\gamma$-W.K. durch Streuung der Elektronen vernachlässigbar klein zu halten.

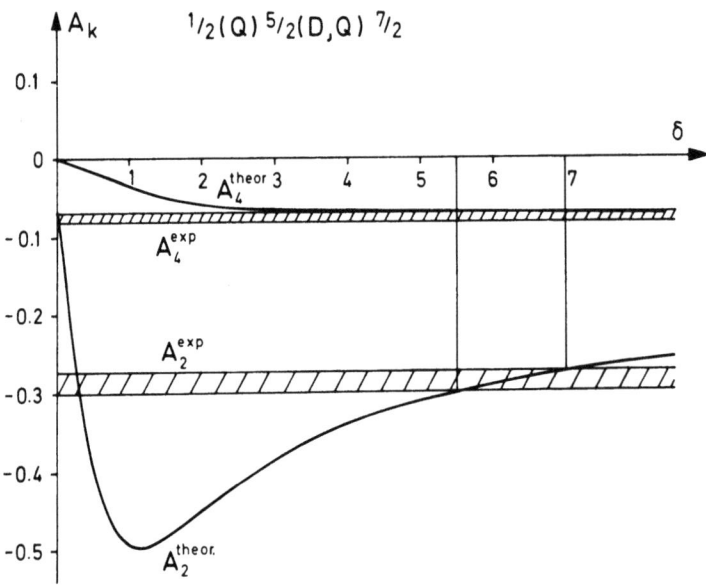

Abb. 5 A_k-Koeffizienten als Funktion des Mischungsparameters

Um zu untersuchen, welche Störungen in der so präparierten Quelle vorlagen, führten wir mit der 3-Detektorapparatur eine integrale $\gamma\gamma$-W.K.-Messung durch. Nach den üblichen Korrekturen erhalten wir das folgende Ergebnis:

$(133 + 137)\,\gamma - (476 + 482)\,\gamma$: $\quad G_2 A_2 = -0{,}146 \mp 0{,}001 \quad G_4 A_4 = -0{,}023 \mp 0{,}002$

Mit Hilfe der oben bestimmten, unabgeschwächten Koeffizienten ergeben sich folgende Werte für die Abschwächungsfaktoren:

$$G_2 = 0{,}54 \mp 0{,}01 \quad G_4 = 0{,}32 \mp 0{,}04$$

Es zeigt sich also, daß leider auch in unserer Meßquelle eine Abschwächung vorliegt. Sie ist jedoch um einen Faktor 2,5 kleiner als GRABOWSKI und Mitarbeiter bei ihrer aufgedampften Quelle fanden. Es war daher möglich, mit unserer Quelle trotz der vorhandenen Abschwächung eine wesentlich genauere Bestimmung der $e^-\gamma$-W.K.-Koeffizienten durchzuführen.

In Abb. 6b ist der hochenergetische Teil des Konversionselektronenspektrums gezeigt. Da die schwache 476-K-Linie auch bei optimaler Einstellung der Spektrometerblende nicht von der intensiven 482-K-Linie getrennt werden konnte, haben wir mit großer Transmission (2%) und schlechter Energieauflösung (ca. 4%) gemessen, um hohe statistische Genauigkeit zu erreichen.

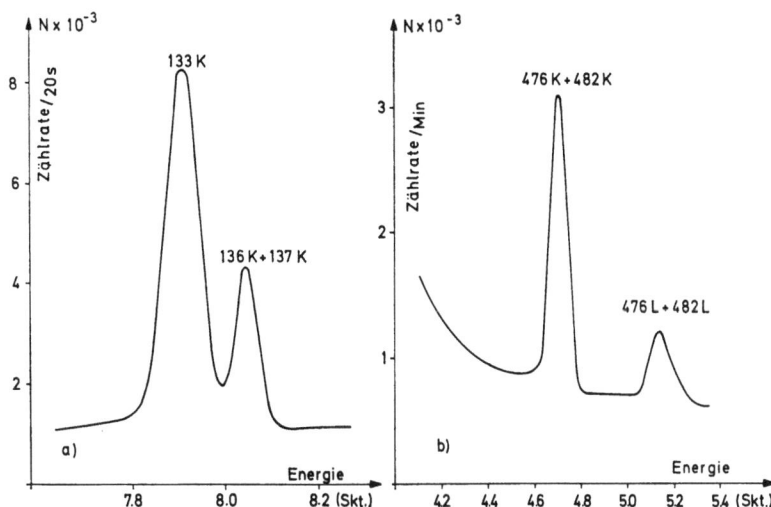

Abb. 6 a) niederenergetischer und b) hochenergetischer Teil des Konversionselektronenspektrums

Die Maximalenergie koinzidenter β-Strahlung beträgt 408 keV. Die kinetische Energie der 482-K-Elektronen liegt bei 415 keV. Eine Beeinflussung des Ergebnisses durch β-Untergrund sollte vernachlässigbar klein sein. Das Meßresultat lautet:

$(133 + 137)\gamma - (476 + 482)\,\mathrm{K}$: $G_2 A_2 = -0{,}026 \mp 0{,}005$ $G_4 A_4 = 0{,}008 \mp 0{,}007$

Für die Analyse des $(133 + 137)\gamma - (476 + 482)$ K-Experiments wurde aus den von BOEHM und MARMIER angegebenen Gammaintensitäten ein Intensitätsverhältnis 476 K/482 K = 0,14 abgeleitet, da in den veröffentlichten Konversionsdaten dieses Verhältnis nicht direkt bestimmt worden ist. Wir erhalten für die $133\,\gamma - 482$ K-Winkelkorrelation:

$$A_2 = -0{,}075 \mp 0{,}020$$

und für den Koeffizienten der 482-keV-K-Elektronen:

$$A_2(482\,\mathrm{K}) = 0{,}14 \mp 0{,}04$$

Legt man das oben gewonnene Mischungsverhältnis und die theoretischen Partikelparameter zugrunde, dann gewinnt man einen theoretischen Erwartungswert $A'_2(482\,\mathrm{K}) = 0{,}56 \mp 0{,}03$. Durch Berücksichtigung des »penetration«-Effekts läßt sich der Widerspruch zwischen Theorie und Experiment beheben:
Das normale $M1$-Gamma-Matrixelement zwischen dem Einteilchenniveau 5/2, 5/2 + [402] und dem Grundzustand 7/2, 7/2 + [404] ist verboten, da sich die asymptotische Quantenzahl Λ um zwei Einheiten ändert. Dieses Verbot wirkt sich nicht auf das »penetration«-Matrixelement aus, das wegen seiner andersartigen Struktur auch anderen Auswahlregeln unterliegt.
Der »penetration«-Effekt bewirkt vorwiegend eine Streuung der Elektronen in den rotationssymmetrischen $s\,1/2$-Kontinuumszustand (siehe Abschnitt II). Die Anisotropie nimmt daher gegenüber dem Erwartungswert für die $e^-\gamma$-W.K. ab. Zusammen mit dem von HAGER und SELTZER [30] experimentell bestimmten Konversionskoeffizienten $\alpha_K(482\,\mathrm{keV}) = 0{,}0239 \mp 0{,}001$ haben wir unser Meßergebnis als Funktion von $\delta(482)$ und $\lambda(482)$ in Abb. 7 aufgetragen. Die erforderlichen dynamischen Koeffizienten

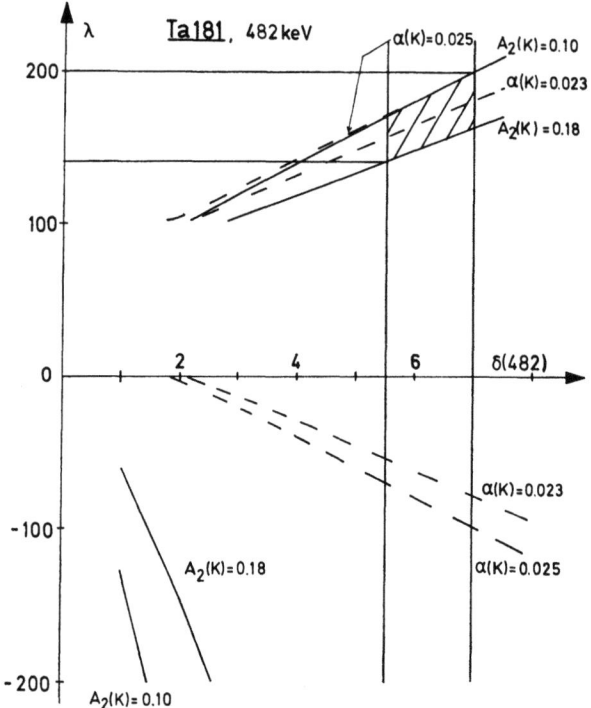

Abb. 7 Ermittlung des »penetration«-Parameters λ

hat uns Dr. H. C. PAULI (Basel) zur Verfügung gestellt. Das W.K.-Experiment liefert eine eindeutige Lösung, während der K-Konversionskoeffizient noch mit zwei λ-Werten erklärt werden kann. Unser Meßresultat lautet:

$$\lambda = 170 \mp 30$$

Die Übereinstimmung mit einem der von HAGER und SELTZER aus den Konversionsdaten abgeleiteten möglichen »penetration«-Parametern $\lambda_1 = 175 \mp 25$ und $\lambda_2 = -90 \mp 30$ ist sehr gut. Unser Resultat läßt sich mit dem Ergebnis von GRABOWSKI und Mitarbeitern $\lambda = 210 \mp 30$ wegen der fehlenden Korrekturen für die beigemischten Übergänge schlecht vergleichen.

CHURCH und WENESER [13] haben mit Hilfe der gemessenen $M1$-Übergangswahrscheinlichkeit den »penetration«-Parameter $\lambda = M_e/M_\gamma$ im Rahmen des Nilssonmodells theoretisch abgeschätzt und erhalten:

$$\lambda = \pm 86 \, (1 + \delta^2)^{1/2} \cong 550$$

Es ist befriedigend, daß die Größenordnung mit dem experimentellen Resultat übereinstimmt. Die Abweichung der Zahlenwerte ist nicht weiter verwunderlich, da auch magnetische Dipolmomente und Übergangswahrscheinlichkeiten, die nach dem Nilssonmodell berechnet werden, Abweichungen von vergleichbarer Größe liefern.

Eine weitere $e^-\gamma$-W.K.-Messung haben wir mit den 133-K-Elektronen durchgeführt. Die lange Lebensdauer des 615-keV-Niveaus zeigt, daß die $E2$-Strahlung des 133-keV-Übergangs stark behindert ist und somit eine $M3$-Multipolbeimischung möglich wird. Trotz der starken Retardierung ist eine Beeinflussung dieses Übergangs durch den »penetration«-Effekt wenig wahrscheinlich. Die Bestimmung des Partikelparameters dieses Übergangs sollte klären, ob eine merkliche $M3$-Beimischung vorliegt.

Die Abb. 6a zeigt das niederenergetische Konversionselektronen-Spektrum des Ta 181, aufgenommen bei einer Spektrometereinstellung, wie sie bei der Durchführung des hier beschriebenen Experiments vorlag. Das Auflösungsvermögen betrug etwa 2,5%, eine eventuell vorhandene Beimischung des 137-keV-Übergangs unter der 133-keV-K-Linie war kleiner als 0,2%. Um bei der Auswertung den koinzidenten β-Untergrund berücksichtigen zu können, machten wir im Untergrund auf der hochenergetischen Seite des 137-K-Peaks eine Korrekturmessung. Diese β-γ-Untergrund-W.K. war nahezu isotrop, ihr relativer Anteil an der 133 K – (476 + 482) γ-Messung betrug $(2,6 \mp 0,3)\%$. Die Auswertung ergibt:

133 K – (476 + 482) γ: $G_2 A_2 = -0{,}263 \mp 0{,}004$ $G_4 A_4 = 0{,}024 \mp 0{,}006$

Zur Bestimmung der Partikelparameter des 133-keV-Übergangs müssen wir den Einfluß der 137-keV-Strahlung aus dem $(133 + 137) \gamma - (476 + 482) \gamma$-Resultat eliminieren und erhalten dann $b_2(133\,\mathrm{K})$ und $b_4(133\,\mathrm{K})$ durch Bildung der Quotienten $A_k(e^-\gamma)/A_k(\gamma\gamma)$. Auch hier wird die Genauigkeit des Resultats wiederum durch mangelnde Information über den 137-keV-Übergang beeinträchtigt. In Tab. 2 haben wir die Abhängigkeit der $A_k(133\,\gamma - 482\,\gamma)$-Koeffizienten und der Partikelparameter $b_k(133\,\mathrm{K})$ vom Mischungsverhältnis des 137-keV-Übergangs aufgezeigt.

Tab. 2 Einfluß des Mischungsparameters $\delta(137\,\mathrm{keV})$ auf die Analyse der $(133 + 137) \gamma - (476 + 482) \gamma$- und der 133 K – (476 + 482) γ-W.K.

	$\delta(137) = 0$	$\delta(137) = 0{,}3$	$\delta(137) = 0{,}6$
A_2 (133 γ–482 γ)	$-0{,}299 \mp 0{,}003$	$-0{,}286 \mp 0{,}003$	$-0{,}277 \mp 0{,}003$
A_4 (133 γ–482 γ)	$-0{,}076 \mp 0{,}005$	$-0{,}076 \mp 0{,}005$	$-0{,}077 \mp 0{,}005$
b_2 (133 K)	$1{,}70 \mp 0{,}04$	$1{,}78 \mp 0{,}04$	$1{,}83 \mp 0{,}04$
b_4 (133 K)	$-1{,}01 \mp 0{,}30$	$-1{,}01 \mp 0{,}30$	$-1{,}0 \mp 0{,}3$

Da wir für $\delta(137)$ einen Bereich zwischen 0 und 0,6 zulassen müssen, erhalten wir:

$$b_2(133\,\mathrm{K}) = 1{,}76 \mp 0{,}10 \quad b_4(133\,\mathrm{K}) = -1{,}0 \mp 0{,}3$$

Innerhalb der Fehlergrenzen stimmen diese Werte mit den theoretischen Daten $b_2^0 = 1{,}81$ und $b_4^0 = -1{,}02$ gut überein.
Auch mit den 137-K-Elektronen haben wir ein $e^-\gamma$-Experiment aus zwei Gründen durchgeführt. Einmal wollten wir eine weitere Aussage über den Mischungsparameter $\delta(137)$ erhalten. Zum anderen wollten wir mit unserer Quelle, in der W.K.-Messungen weniger abgeschwächt sind, das Experiment wiederholen, dessen Resultat GRABOWSKI und Mitarbeiter veranlaßt hatte, dem 619-keV-Niveau den Spin 5/2 zuzuordnen.
Nach Berücksichtigung des koinzidenten β^--Untergrunds $(21 \mp 1\%)$ und der üblichen Korrekturen erhalten wir als Endergebnis:

137 K – (482 + 476) γ: $G_2 A_2 = -0{,}011 \mp 0{,}009$ $G_4 A_4 = -0{,}001 \mp 0{,}013$

Im Gegensatz zu uns erhielten GRABOWSKI und Mitarbeiter für diese Messung einen positiven A_2-Wert. Unser Ergebnis ist nur mit dem Spin 3/2 für das 619-keV-Niveau verträglich.

Wegen der sehr kleinen Werte des $b_2(M1)$- und des $b_2(M1/E2)$-Partikelparameters ist das Resultat nahezu isotrop und liefert daher für den Mischungsparameter des 137-keV-Übergangs nur die schwache Einschränkung:

$$-0{,}8 \leq \delta(137) \leq 1{,}2$$

Es sind weitere Messungen zur Ermittlung dieses Parameters geplant.

b) Lutetium 175

Das Energieniveauschema des Lu 175 (Abb. 8) läßt sich im Rahmen des Nilssonmodells gut beschreiben. Der Einteilchenzustand $9/2^-$ [514] bei 396 keV zerfällt über drei stark verlangsamte $E1$-Übergänge in den Grundzustand $7/2^+$ [404] und in die Zustände der Grundniveaurotationsbande bei 114 keV bzw. 251 keV. Durch Auswahlregeln der asymptotischen Quantenzahlen [$Nn_z\Lambda$] ist sowohl das gewöhnliche Kerngamma-Matrixelement als auch das ladungsabhängige »penetration«-Matrixelement verboten. Das stromabhängige »penetration«-Matrixelement ist nicht behindert und sollte einen merklichen Beitrag zur Inneren Konversion liefern.

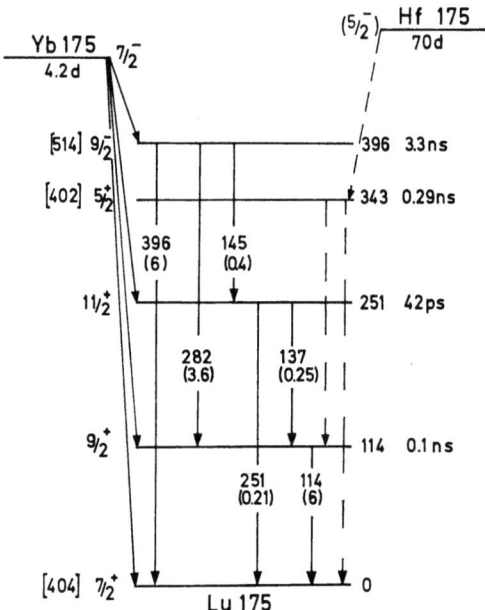

Abb. 8 Zerfallsschema des Lutetium 175

Messungen von K- und L-Konversionskoeffizienten [30, 42] dieser drei Übergänge zeigen Abweichungen von den theoretischen Erwartungswerten. J. E. THUN und Mitarbeiter [43] haben am 283-keV-Übergang auch in e^--γ-W.K.-Messungen anomales Konversionsverhalten beobachtet. Neuere W.K.-Messungen von J. E. THUN [44], die mit höherer statistischer Genauigkeit am gleichen Übergang durchgeführt wurden, liefern Ergebnisse, die mit den älteren Werten nicht völlig konsistent sind. Es erschien daher sinnvoll, die W.K.-Koeffizienten des 283-keV-Übergangs erneut festzulegen.
In einer kürzlich erschienenen Arbeit von H. C. PAULI und K. ALDER [57] werden aus allen veröffentlichten Konversionsdaten die »penetration«-Parameter für die behinderten $E1$-Übergänge ermittelt. Für den 145-keV-Übergang, über den zu Beginn

unserer Untersuchungen noch keine W.K.-Messungen vorlagen, ergab sich dabei keine eindeutige Lösung. Unsere Experimente mit der 145-keV-Strahlung sollten zur Klärung dieses offenen Problems beitragen.

Das 4,2-Tage-Isotop Ytterbium 175 wurde durch Neutroneneinfang des natürlichen Ytterbiums im Reaktor der KFA Karlsruhe hergestellt. Im Massenseparator konnte das Yb 175 von anderen Isotopen getrennt und in eine dünne Aluminiumfolie eingebaut werden. Die mittlere Eindringtiefe lag bei 10 µg/cm². Die Form der niederenergetischen Linien im Konversionselektronen-Spektrum (Abb. 9) zeigt, daß keine wesentliche Beeinflussung der Elektronen durch Streuprozesse beim Austritt aus der Quelle vorliegt.

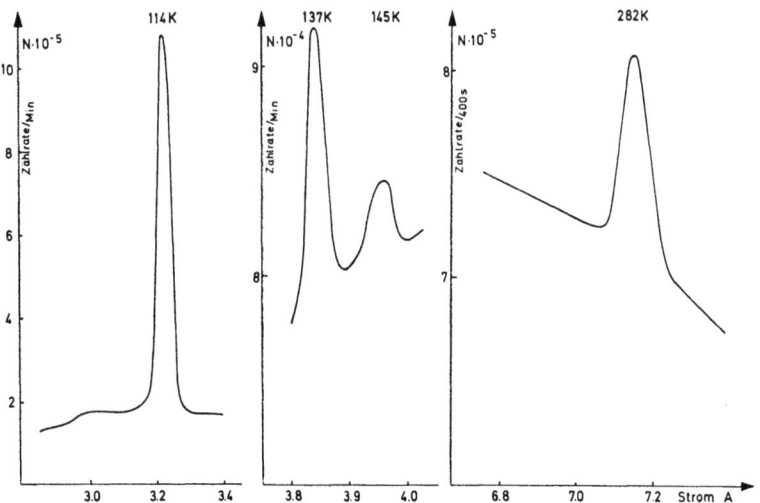

Abb. 9   Ausschnitte aus dem Konversionselektronenspektrum

Zur Herstellung flüssiger Quellen bestrahlten wir 98% angereichertes Yb 174, das als Oxid vorlag, im Reaktor der KFA Jülich. Die aktivierte Substanz wurde in HCl gelöst. Gammalinien vom Zerfall des Yb 169 traten im Emissionsspektrum nicht auf.

Wir haben zwei $\gamma\gamma$-W.K.-Messungen mit flüssigen Quellen durchgeführt. Die 283 γ – 114 γ-Kaskade und die 145 γ – 251 γ-Kaskade ließen sich mit NaJ-Detektoren beimischungsfrei untersuchen. Zur Auswertung der 145 γ – 251 γ-W.K. (Abb. 10) konnten wir nur die Meßpunkte zwischen 60 und 135° heranziehen. Die Koinzidenzraten in den Winkelstellungen von 150 bis 180° waren durch Kristall–Kristall-Streuung der intensiven 396-keV-Strahlung stark verfälscht. Beim Angleich der W.K.-Funktion an die Meßpunkte wurde $A_4 = 0$ gesetzt, da der erwartete A_4-Wert in der Größenordnung von 10^{-4} liegt und somit zu vernachlässigen ist.

Nach Berücksichtigung aller erforderlichen Korrekturen erhalten wir folgende Endresultate:

283 γ – 114 γ: $A_2 = 0{,}226 \mp 0{,}002$ $A_4 = 0{,}001 \mp 0{,}002$

145 γ – 251 γ: $A_2 = -0{,}105 \mp 0{,}010$

Die 283 γ – 114 γ-Kaskade untersuchten wir auch mit der oben beschriebenen festen Quelle. Das Endergebnis lautet:

283 γ – 114 γ: $A_2 = 0{,}224 \mp 0{,}002$ $A_4 = 0{,}001 \mp 0{,}002$

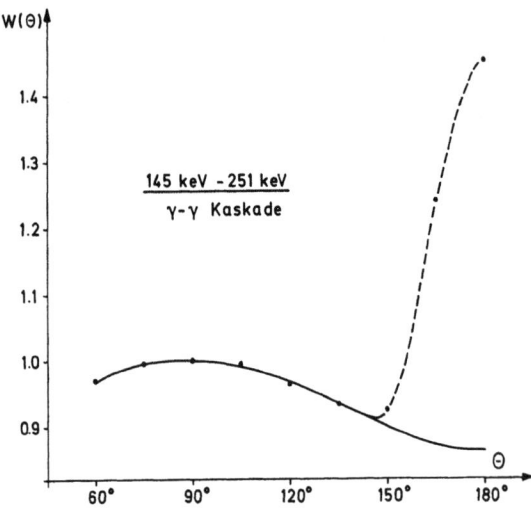

Abb. 10 Verlauf der 145 γ-251 γ W. K. (durchgezogene Linie = Ergebnis des Angleichs)

Die Übereinstimmung der Resultate mit fester und flüssiger Quelle zeigt, daß keine Abschwächung der Korrelation durch innere Felder vorliegt.

Wegen der kurzen Lebensdauer des 251-keV-Zustands nehmen wir an, daß auch hier keine Störungen auftreten.

Die e-γ-W.K.-Messungen mußten auf erhebliche Anteile koinzidenten β^--Untergrunds sorgfältig korrigiert werden. Zu diesem Zweck wurde die β^--γ-Korrelation im β^--Untergrund auf der hochenergetischen Seite der betreffenden Konversionslinie gemessen. Zur Ermittlung des koinzidenten β^--Anteils unter der 283-K-Linie bestimmten wir zusätzlich die Untergrundkorrelation auf der niederenergetischen Seite dieser Linie. Der β^--Anteil betrug bei der 283 γ – 114 K-Messung 2,4%. Die 283 K – 114 γ- und die 145 K – 251 γ-Messung enthielten β^--Beimischungen von 46 bzw. 70%. Nach Berücksichtigung dieser Störungen und der üblichen Korrekturen ergeben sich die folgenden Werte:

283 γ – 114 K: $A_2 = -0{,}013 \mp 0{,}002$ $A_4 = 0{,}002 \mp 0{,}003$

283 K – 114 γ: $A_2 = 0{,}054 \mp 0{,}012$ $A_4 = 0{,}01 \mp 0{,}02$

145 K – 251 γ: $A_2 = 0{,}27 \mp 0{,}04$

In der folgenden Tabelle sind unsere Werte mit den Resultaten der W.K.-Messungen anderer Autoren verglichen.

Die Übereinstimmung ist im allgemeinen gut. In einigen Fällen konnte von uns eine höhere Meßgenauigkeit erzielt werden.

Das Resultat der 283 γ – 114 K-W.K. ist mit dem Wert $A_2 = -0{,}011$ verträglich, der sich mit Hilfe der theoretischen Partikelparameter für den 114-keV-Übergang berechnen läßt.

Aus dem Verhältnis $A_2(283\,\gamma - 114\,\text{K})/A_2(283\,\gamma - 114\,\gamma)$ läßt sich mit unseren Meßwerten keine genaue Aussage über den Mischungsparameter $\delta_{114} = \langle f\|E2\|i\rangle/\langle f\|M1\|i\rangle$ des 114-keV-Übergangs gewinnen [15]. Wir haben daher die experimentellen Daten für das L_1/L_2- und L_1/L_3-Unterschalenverhältnis von Novakov und Hollander [45] und die theoretischen L-Konversionskoeffizienten von Hager und Seltzer [9]

Tab. 3 *Winkelkorrelationsergebnisse verschiedener Autoren an Übergängen im Lutetium 175*

		Thun et al. [43]	Thun [44]	Holmberg et al. [46]	Diese Arbeit
283 γ–114 γ	A_2:	0,240 ∓ 0,004		0,206 ∓ 0,015	0,224 ∓ 0,002
	A_4:				0,001 ∓ 0,002
145 γ–251 γ	A_2:				–0,105 ∓ 0,010
283 γ–114 K	A_2:	0,02 ∓ 0,01	–0,012 ∓ 0,004	–0,015 ∓ 0,005	–0,013 ∓ 0,002
	A_4:				0,002 ∓ 0,003
283 K–114 γ	A_2:	0,015 ∓ 0,030	0,068 ∓ 0,015	0,050 ∓ 0,015	0,054 ∓ 0,012
	A_4:				0,01 ∓ 0,02
145 K–251 γ	A_2:			0,23 ∓ 0,03	0,27 ∓ 0,04

zur Bestimmung von δ_{114} herangezogen. Das Vorzeichen folgt eindeutig aus unserem γγ-W.K.-Resultat.

Wir erhalten:

$$\delta_{114} = +0,46 \pm 0,01$$

Normale elektrische Dipolübergänge treten stets ohne merkliche $M2$-Beimischung auf, da die $M2$-Strahlung für mittlere Energien um einen Faktor 10^8 langsamer ist als die $E1$-Strahlung. Die elektrischen Dipolanteile des 396-keV-, 283-keV- und 145-keV-Übergangs im Zerfallsschema des Lu 175 weisen jedoch Retardierungsfaktoren $F_W = T_{1/2}(\exp)/T_{1/2}(\text{Weisskopf})$ von der Größenordnung 10^6 auf. Daher kann man bei diesen Übergängen $M2$-Beimischungen bis zu einigen Prozenten erwarten. Aus Konversionsdaten lassen sich die Mischungsverhältnisse $\delta = \langle f\|M2\|i\rangle / \langle f\|E1\|i\rangle$ wegen der auftretenden Anomalien nicht ermitteln. Dagegen enthalten γγ-W.K.-Messungen Informationen über diese Größen. In Abb. 11 haben wir den theoretischen A_2-Koeffizienten für einen 9/2–9/2-Übergang in Abhängigkeit von δ aufgetragen. Der experimentell bestimmte A_2-Wert des 283-keV-Übergangs ist verträglich mit

$$\delta_{283} = +0,080 \mp 0,015$$

Holmberg und Mitarbeiter [46] bestimmten aus einer Richtungskorrelationsmessung mit ausgerichteter Quelle [47] und aus der Energieabhängigkeit der $M2$-Übergangswahrscheinlichkeit im Nilssonmodell für diesen Parameter einen Wert von 0,053 ∓ 0,010. Nehmen wir aus dem kollektiven Modell die Beziehung

$$|\delta_2| = \sqrt{\frac{C_2^2 E_2^5 I_1}{C_1^2 E_1^5 I_2}} |\delta_1|$$

C_i Clebsch–Gordan-Koeffizienten
E_i Übergangsenergien
I_i Exp. $E1$-Intensitäten

zu Hilfe, dann können wir den Betrag des Mischungsverhältnisses $|\delta_{145}|$ aus $|\delta_{283}|$ berechnen. Wir erhalten:

$$|\delta_{145}| = 0,025 \mp 0,005$$

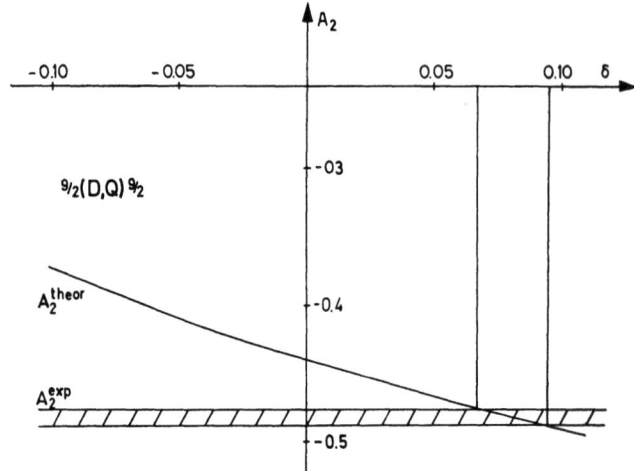

Abb. 11 Ermittlung des Mischungsparameters δ (283 keV) aus dem W. K.-Koeffizienten A_2 (283 keV)

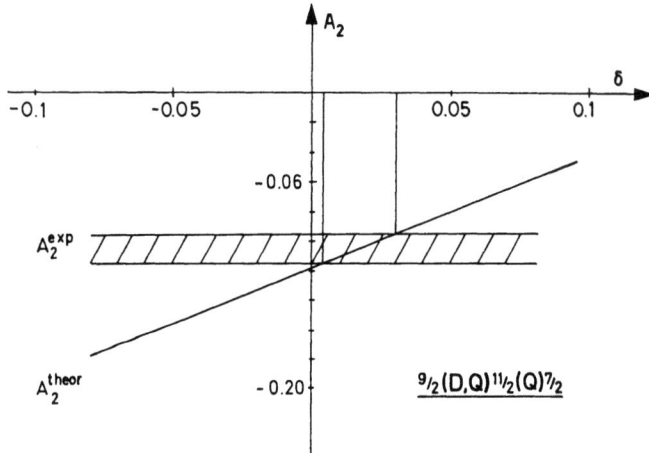

Abb. 12 Ermittlung des Mischungsparameters δ (145 keV) aus dem A_2-Koeffizienten der 145 γ–251 γ-Kaskade

Die Abb. 12 zeigt die Abhängigkeit des A_2-Koeffizienten einer 9/2–11/2–7/2-Kaskade von δ. Aus dem Meßergebnis für die 145 γ – 251 γ-W.K. erhalten wir direkt den A_2-Wert des ersten Kaskadenübergangs, da die 251-keV-Strahlung als »cross-over« reinen $E2$-Charakter besitzt. In guter Übereinstimmung mit dem oben Ermittelten erhalten wir

$$\delta_{145} = +0{,}017 \pm 0{,}013$$

Durch das W.K.-Ergebnis ist auch das Vorzeichen von δ_{145} festgelegt.

Mit Hilfe der Mischungsverhältnisse und der theoretischen Partikelparameter für den 283-keV-Übergang läßt sich ein Erwartungswert für den A_2-Koeffizienten der 283 K – 114 γ-W.K. vorhersagen, wenn man den Einfluß des »penetration«-Effekts außer acht läßt:

283 K – 114 γ: $\quad A_2(\eta = \xi = 0) = -0{,}25 \pm 0{,}01$

Der experimentelle Wert von $0{,}054 \mp 0{,}012$ steht hierzu in krassem Widerspruch.

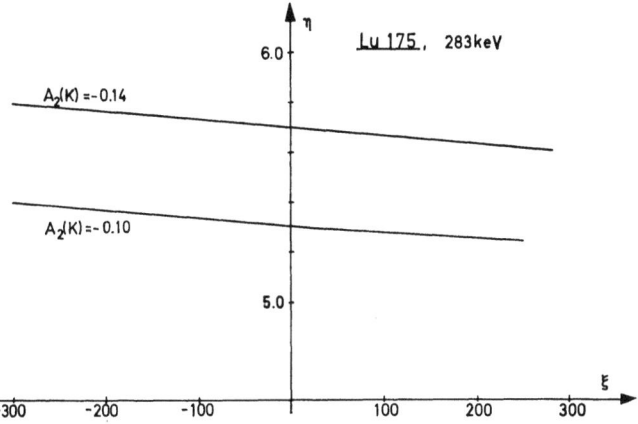

Abb. 13 »penetration«-Parameter des 283-keV-Übergangs

Die Abb. 13 gibt die Wertepaare der »penetration«-Parameter η und ξ an, mit denen unser Meßwert $A_2(283\,\mathrm{K})$ erklärt werden kann. $A_2(K)$ ist nur sehr schwach von ξ abhängig. Dieser Parameter kann bei $E1$-Übergängen vernachlässigt werden [57]. Da das ladungsabhängige »penetration«-Matrixelement in den hier betrachteten Übergängen auch noch verboten ist, haben wir $\xi = 0$ als Lösung angenommen. Wir erhalten dann für den stromabhängigen »penetration«-Parameter:

$$\eta = 5,5 \pm 0,2$$

Dieser Wert ist mit dem Resultat von PAULI und ALDER [57] verträglich, die aus der Analyse verschiedener Messungen [30, 42, 44] $\eta = 5,8 \mp 0,2$ erhalten.
Berechnen wir mit dem oben ermittelten »penetration«-Parameter und dem Mischungsverhältnis δ_{283} den K-Konversionskoeffizienten des 283-keV-Übergangs, so erhalten wir $\alpha_K(\eta) = 0,0275 \mp 0,0020$. Innerhalb der Fehlergrenzen stimmt dieser Wert noch mit dem experimentellen Resultat von EMERY und PERLMAN überein. Der Meßwert von HAGER und SELTZER liegt etwas niedriger.
Der Erwartungswert für den A_2-Koeffizienten der 145 K - 251 γ-W.K., der sich mit Hilfe der theoretischen Partikelparameter berechnen läßt, ergibt:

145 K - 251 γ: $A_2(\eta = \xi = 0) = 0,23$

Innerhalb der Fehlergrenzen stimmt dieser Wert mit dem experimentellen Ergebnis überein.
In Abb. 14 ist unser Meßresultat $A_2(145\,\mathrm{K}) = -0,65 \mp 0,10$ in der η-ξ-Ebene aufgetragen. Wir haben auch hier $\xi = 0$ angenommen und erhalten als Lösungsbereich für η:

$$\eta = -0,5 \mp 2$$

Die Analyse von PAULI und ALDER liefert zwei mögliche η-Werte: $\eta_1 \cong -1$ und $\eta_2 = 8 \mp 2,5$.
Unser $e^-\gamma$-W.K.-Resultat und das Ergebnis von HOLMBERG und Mitarbeitern sind mit η_2 nicht verträglich. Wir erhalten daher, im Gegensatz zu PAULI und ALDER, η_1 für das wahrscheinlichere Ergebnis.
Es lassen sich zwei Gründe finden, weshalb sich der »penetration«-Effekt beim 145-keV-Übergang nicht stärker auswirkt. Einmal weisen EMERY und PERLMAN darauf hin, daß die normalen Konversions-Übergangsamplituden mit abnehmender Energie schneller

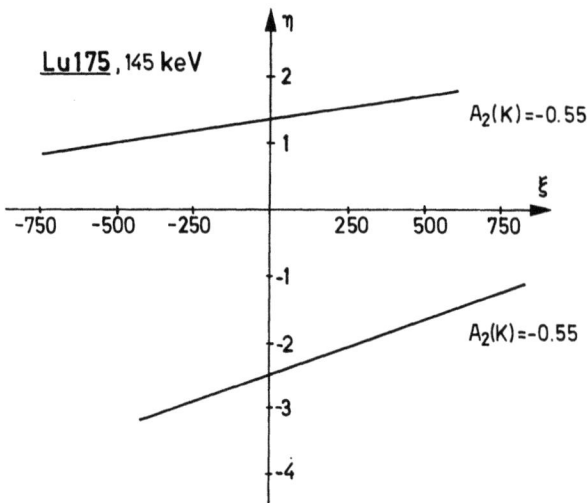

Abb. 14 »penetration«-Parameter des 145-keV-Übergangs

anwachsen als die »penetration«-Terme. Darüber hinaus ist der $E1$-Anteil der 145-keV-Linie im Rahmen des Nilssonmodells weniger verlangsamt als der 283-keV-Übergang. LÖBNER und MALMSKOG [48] geben für den 396-keV-Übergang einen Retardierungsfaktor $F_N = T_{1/2}(\exp)/T_{1/2}(\text{NILSSON})$ von 165 an. Für den 283-keV-Übergang erhalten diese Autoren $F_N = 20$ und für die 145-keV-Strahlung $F_N = 2,7$.

c) Messungen am Dysprosium 160 und am Samarium 152

Bei stark deformierten gerade-gerade-Kernen treten innerhalb der Grundniveaurotationsbande niederenergetische $E2$-Übergänge auf. An solchen Übergängen haben einige Autoren Abweichungen der experimentellen Konversionsdaten [49] und Partikelparameter [50, 51] von den berechneten Werten beobachtet. Vom theoretischen Standpunkt ließen sich für diese Diskrepanzen bisher keine zufriedenstellenden Erklärungen finden:

1. »penetration«-Matrixelemente sollten bei elektrischer Quadrupolstrahlung, besonders aber bei beschleunigten $E2$-Rotationsübergängen, vernachlässigbar klein sein.
2. Der Einfluß der Deformation auf die mit kugelsymmetrischem Potential berechneten theoretischen Werte ist nach einer Abschätzung von CHURCH und WENESER [13] sehr klein (maximal 1%) und erklärt keinesfalls die auftretenden Diskrepanzen.
3. Die Annahme, daß in $e^-\gamma$-Experimenten auf Grund der Ladung der emittierten Teilchen zusätzlich zeitabhängige Störungen im mittleren Niveau auftreten, konnte experimentell nicht bestätigt werden. Besonders unwahrscheinlich ist diese Vermutung bei Experimenten, in denen der zweite Übergang einer Kaskade als Konversionselektron beobachtet wird. Das Loch in der Hülle, das durch Emission eines Elektrons entsteht, hat keinen Einfluß mehr auf die Besetzungswahrscheinlichkeit der m-Unterzustände im mittleren Niveau.

Als mögliche Erklärung der Unstimmigkeiten zwischen theoretisch und experimentell bestimmten Konversionsdaten werden daher häufig systematische Meßfehler angeführt [52], die besonders bei sehr niedrigen Übergangsenergien schwer zu erfassen sind. Die große Zahl von $e^-\gamma$-Messungen verschiedener Autoren, die mit der Theorie nicht in Einklang stehen, läßt diese Erklärung bei W.K.-Untersuchungen fragwürdig erscheinen.

Zu Beginn unserer Experimente waren die W.K.-Werte von HOLMBERG und Mitarbeitern [53] veröffentlicht (siehe Tab. 5), die alle sehr gut mit der Theorie übereinstimmen. Dagegen weisen die von HAMILTON et al. [50] publizierten Partikelparameter für die gleichen Übergänge beträchtliche Abweichungen von den Tabellenwerten auf. Eine sehr ausführliche Diskussion dieser Ergebnisse ist Gegenstand einer kürzlich veröffentlichten Arbeit [54].

Unsere Untersuchungen, die zur Klärung der Unstimmigkeiten beitragen sollten, hatten die Bestimmung von K-Elektronen-Partikelparametern für zwei Übergänge im Sm 152 und für einen Übergang im Dy 160 zum Ziel. Für den letzteren wurde zusätzlich der L-Elektronen-Partikelparameter ermittelt.

Die Mutterisotope Terbium 160 ($T_{1/2} = 72\,d$) und Europium 152 ($T_{1/2} = 12,4\,y$) lagen mit hoher spezifischer Aktivität vor (89 Ci/g Tb bzw. 36 Ci/g Eu).

Mit Hilfe eines elektrolytischen Verfahrens [55] (molecular plating) konnten wir aus den Chloriden der aktiven Substanzen dünne, kreisförmige Präparate von 6 mm Durchmesser auf dünne Metallfolien aufbringen. Im Falle des Eu 152 verwendeten wir eine 3 mg/cm² dicke Aluminiumfolie, im Falle des Tb 160 eine unmagnetisierbare V 2 A-Stahlfolie, mit der eine gute Aktivitätsausbeute erzielt werden konnte.

Die Schichtdicke der Präparate, die wir aus den Gammazählraten und der spezifischen Aktivität abschätzen konnten, war kleiner als 2 µg/cm² (Tb 160) bzw. kleiner als 5 µg/cm² (Eu 152).

Um einen möglichen Einfluß der Herstellungsart des Präparats auf die Ergebnisse beobachten zu können, haben wir eine zweite Eu 152-Quelle hergestellt. Auf eine 1,2 mg/cm² dicke Aluminiumfolie wurde durch Aufdampfen im Vakuum eine homogene Europiumschicht von 3 mm Durchmesser aufgebracht. Die Dicke dieser Quelle war kleiner als 10 µg/cm².

In der Grundniveaurotationsbande des Dy 160 tritt der $2^+ \to 0^+$-Übergang von 87 keV mit hoher Intensität auf. Die K-Konversionselektronen dieses Übergangs haben mit 33 keV eine sehr niedrige kinetische Energie. Damit sie beim Austritt aus dem Präparat keinen Streueffekten unterworfen werden, ist eine sehr dünne Quelle erforderlich. Die Abb. 15 zeigt, daß die niederenergetischen Flanken der 87-K- und 87-L-Linie

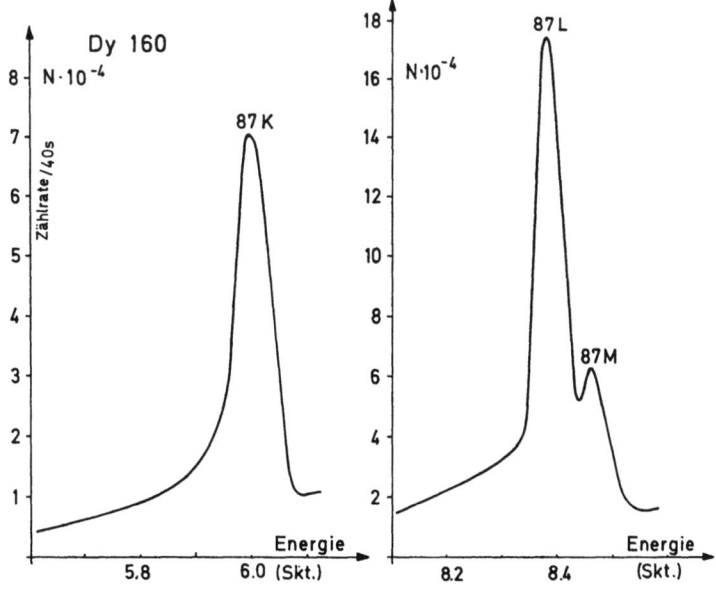

Abb. 15 K- und L-Konversionslinien des 87-keV-Übergangs im Dy 160

durch Streuanteile etwas verbreitert sind. Die Abschwächung der W.K.-Koeffizienten, die wir für die Schichtdicke unseres Präparates nach der Näherungsformel von GIMMI et al. [22] abgeschätzt haben, war jedoch kleiner als 2%.

Wegen der großen Anisotropie empfiehlt sich die 2 (1178 keV)–2 (87 keV)–0-Kaskade zur Bestimmung der 87-K- und 87-L-Partikelparameter. Beimischungen anderer Übergänge im Energiefenster der 1178-keV-Linie sollten auf die Ermittlung der Partikelparameter des 87-keV-Übergangs keinen störenden Einfluß haben, wenn man darauf achtet, daß beim $\gamma\gamma$- und γe^--Experiment die Einstellung der Einkanaldiskriminatoren möglichst identisch ist. Bei den hier untersuchten Korrelationen sind selbst kleine Unterschiede der Einkanalfenstereinstellungen oder geringe elektronische Schwankungen unkritisch. Aus Koinzidenzspektren mit der 87-keV-Gammalinie ist nämlich bekannt [56], daß sich die Anisotropie in einem Energiebereich zwischen 1100 keV und 1300 keV praktisch nicht ändert.

Die Winkelkorrelation des Untergrunds unter der 87-keV-Linie wurde im $\gamma\gamma$- und im γe^--Experiment gesondert bestimmt und in den Ergebnissen berücksichtigt.

Nach allen üblichen Korrekturen erhalten wir die folgenden Meßresultate:

1178 γ – 87 K: $A_2 = 0{,}1418 \mp 0{,}0035$ $A_4 = -0{,}010 \mp 0{,}005$

1178 γ – 87 L: $A_2 = 0{,}0904 \mp 0{,}0025$ $A_4 = 0{,}0075 \mp 0{,}0035$

1178 γ – 87 γ: $A_2 = 0{,}0822 \mp 0{,}0035$ $A_4 = 0{,}014 \mp 0{,}006$

Aus den A_2-Werten erhält man durch Bildung der Quotienten $A_2(\gamma e^-)/A_2(\gamma\gamma)$ direkt die b_2-Partikelparameter. Aus den A_4-Koeffizienten lassen sich auf Grund der Beziehung

$$b_2(E2) = 1{,}4 - b_4(E2)/2{,}5$$

die $b_2(E2)$-Parameter für den 87-keV-Übergang nochmals indirekt ermitteln. Diese Methode liefert hier kein genaues Resultat, da die A_4-Koeffizienten klein sind und daher einen großen relativen Fehler aufweisen. Wir erhalten:

$b_2(87\text{ K}) = 1{,}72 \mp 0{,}08$; $b_2(87\text{ K}) = 1{,}4 + (0{,}7 \mp 0{,}4)/2{,}5 = 1{,}68 \mp 0{,}16$

$b_2(87\text{ L}) = 1{,}10 \mp 0{,}06$; $b_2(87\text{ L}) = 1{,}4 - (0{,}5 \mp 0{,}4)/2{,}5 = 1{,}20 \mp 0{,}16$

Die theoretischen Daten $b_2^0(87\text{ K}) = 1{,}95$ und $b_2^0(87\text{ L}) = 1{,}24$ stimmen mit diesen Werten nicht überein.

Die Abb. 16 zeigt ein unvollständiges Zerfallsschema des Eu 152, das die hier interessierenden Übergänge enthält. Durch den β^--Zerfall zum Gd 152 ist dem Konversionselektronenspektrum ein β^--Kontinuum überlagert. Daher sind bei den e-γ-Experimenten an Kaskaden des Sm 152 Korrekturmessungen im β^--Untergrund erforderlich.

Zur Bestimmung der Partikelparameter des 122-keV- und des 245-keV-Übergangs im Niveauschema des Sm 152 bieten sich mehrere Kaskaden an. Ohne Beimischungen von anderen Übergängen läßt sich die 2(1409 keV)–2(122 keV)–0-Kaskade beobachten. Sie sollte daher die zuverlässigsten Resultate liefern. Weiterhin haben wir die folgenden Kaskaden untersucht:

2(965 keV)–2(122 keV)–0   ⎫
3(868 keV)–4(245 keV)–2   ⎬ wegen der großen A_4-Werte
4(245 keV)–2(122 keV)–0

W.K.-Experimente an der letzten Kaskade ermöglichen die Bestimmung von $b_2(122\text{ K})$ und $b_2(245\text{ K})$.

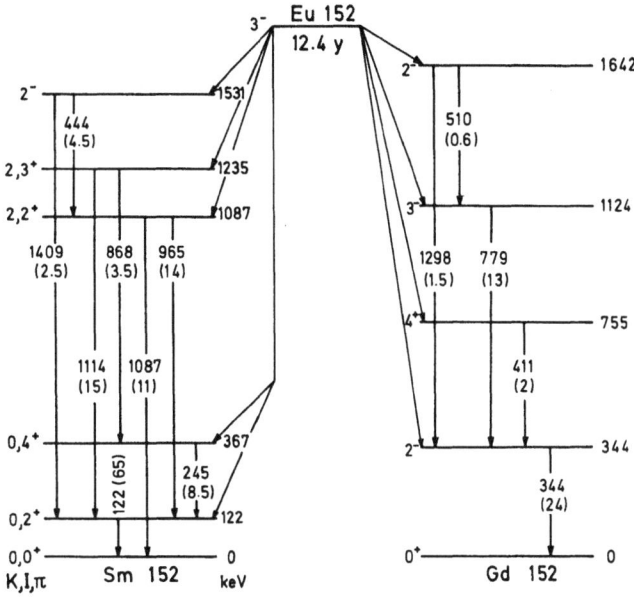

Abb. 16 Zerfall des Europium 152

Mit Ausnahme der 1409 keV – 122 keV-Experimente sind alle übrigen Winkelkorrelationen durch koinzidente Beimischungen anderer Übergänge gestört. Wir haben den Untergrundanteil unter der 122-keV-Linie bzw. unter der 245-keV-Linie bei allen Experimenten gesondert untersucht und in den Resultaten berücksichtigt. Beimischungen unter den hochenergetischen Übergängen sollten, wiederum gleiche Einstellung der Einkanaldiskriminatoren in der $\gamma\gamma$- und γe^--Messung vorausgesetzt, keinen Einfluß auf die Partikelparameter haben, da sich diese Anteile bei der Quotientenbildung $A_k(\gamma e^-)/A_k(\gamma\gamma)$ herausheben. Wir haben diese Beimischungen daher nicht eigens bestimmt. Unsere W.K.-Daten sind somit keine absolut reinen Koeffizienten der entsprechenden Kaskade. Sie sind durch andere Übergänge gestört und zur Bestimmung von kernspektroskopischen Größen (zum Beispiel Mischungsparametern) ungeeignet.

In Tab. 4 sind alle Endresultate zusammengefaßt. Mit »1« ist die elektrolytisch hergestellte, mit »2« die aufgedampfte Eu 152-Quelle bezeichnet.

Tab. 4 *W.K.-Resultate für Kaskaden im Samarium 152*

Messung	Quelle 1		Quelle 2	
	A_2	A_4	A_2	A_4
1409 γ–122 K	0,276 ∓ 0,005	0,016 ∓ 0,008	0,244 ∓ 0,006	0,001 ∓ 0,009
1409 γ–122 γ	0,165 ∓ 0,003	0,003 ∓ 0,004	0,156 ∓ 0,005	0,009 ∓ 0,007
965 γ–122 K			0,025 ∓ 0,005	−0,121 ∓ 0,007
965 γ–122 γ			0,03 ∓ 0,01	0,14 ∓ 0,01
868 γ–245 K			0,204 ∓ 0,015	0,131 ∓ 0,025
868 γ–245 γ			0,157 ∓ 0,030	−0,121 ∓ 0,030
245 γ–122 K	0,116 ∓ 0,004	−0,012 ∓ 0,004		
245 K–122 γ	0,111 ∓ 0,011	0,010 ∓ 0,014		
245 γ–122 γ	0,073 ∓ 0,005	0,004 ∓ 0,006		

Beim 868 γ – 245 γ-Experiment konnten nur die Winkel zwischen 60 und 135° zur Auswertung herangezogen werden, da die Koinzidenzraten in den übrigen Positionen durch Kristall-Kristall-Streuung des 1114-keV-Übergangs verfälscht waren. Ebenso kann die 965 γ – 122 γ-Untergrundkorrelation durch Streuung beeinflußt sein. Dieser Störeffekt erhöht den Fehler der Ergebnisse beträchtlich.

Die 1409 keV – 122 keV-Korrelationen zeigen in Quelle 2 größere Abschwächungen als in Quelle 1.

Die Resultate der 1409 keV – 122 keV-Kaskade geben keinen eindeutigen Hinweis darauf, daß die Herstellungsart der Quelle das $\gamma\gamma$- und das γe^--Experiment unterschiedlich beeinflußt. Der Partikelparameter scheint in der stärker abgeschwächten Quelle kleiner zu sein.

Tab. 5 Partikelparameter von niederenergetischen E2-Rotationsübergängen

			$b_2 (e^-)$		
	HOLMBERG [53]	HAMILTON [54]	STEFFEN [51]	Diese Arbeit Quelle 1	Quelle 2
Sm 152, 122 keV					
$b_2^0 = 1,91$					
1409 keV–122 keV	1,90 $\mp$ 0,07		1,60 $\mp$ 0,05	1,67 $\mp$ 0,05	1,56 $\mp$ 0,07
865 keV–122 keV					1,75 $\mp$ 0,06
245 keV–122 keV		1,65 $\mp$ 0,17		1,59 $\mp$ 0,11	
Sm 152, 245 keV					
$b_2^0 = 1,72$					
245 keV–122 keV		1,07 $\mp$ 0,16		1,52 $\mp$ 0,19	
868 keV–245 keV	1,76 $\mp$ 0,07		1,72 $\mp$ 0,04		1,8 $\mp$ 0,1
Gd 154, 123 keV					
$b_2^0 = 1,90$	1,88 $\mp$ 0,06	1,41 $\mp$ 0,07	1,37 $\mp$ 0,07		
Dy 160, 87 keV					
$b_2^0 (K) = 1,95$				$b_2 (K) = 1,72 \mp 0,08$	
$b_2^0 (L) = 1,24$				$b_2 (L) = 1,10 \mp 0,06$	

Die $b_2(K)$-Partikelparameter des 122-keV-Übergangs im Sm 152, die wir aus verschiedenen W.K.-Messungen ermittelt haben, sind alle kleiner als der berechnete Wert. HAMILTON und Mitarbeiter [50] sowie STEFFEN et al. [51] erhalten ähnliche Ergebnisse. Auch für den 123-keV-Übergang im Gd 154 ergeben sich bei diesen Autoren Abweichungen vom Tabellenwert. Unsere Partikelparameter für die K- und L-Elektronen des 87-keV-Übergangs im Dy 160 sind ebenfalls nicht in Übereinstimmung mit der Theorie. Für den 245-keV-Übergang im Sm 152 treten innerhalb der Fehlergrenzen nur bei HAMILTON merkliche Abweichungen auf.

Die von HOLMBERG und Mitarbeitern angegebenen Resultate sind alle in guter Übereinstimmung mit der Theorie. Augenfällig ist, daß diese Gruppe ein Meßpräparat verwendet hat, das sich in der Art seiner Herstellung von den Quellen der anderen Autoren unterscheidet. Während diese aufgetropfte, aufgedampfte oder elektrolytisch erzeugte Präparate benutzten, verwendete die Stockholmer Gruppe Quellen, bei denen das inaktive Isotop (Eu 151 bzw. Eu 153) im Massenseparator mit sehr geringer Energie auf eine Aluminiumfolie gebracht und anschließend im Reaktor mit Neutronen aktiviert wurde. Die Ausbildung von Kristallstrukturen ist bei dieser Methode weniger wahrscheinlich als bei allen anderen Herstellungsarten. Eventuell bietet die Beeinflussung niederenergetischer Elektronen durch Kristallfelder eine Möglichkeit, die Diskrepanzen zwischen den experimentellen Arbeiten und der Theorie zu klären.

V. Zusammenfassung der Ergebnisse

Im Rahmen der vorliegenden Arbeit wurden experimentelle $e^-\gamma$- und $\gamma\gamma$-W.K.-Untersuchungen durchgeführt. Das Hauptinteresse war dabei auf die Bestimmung von Partikelparametern und »penetration«-Parametern an Übergängen mit anomaler Konversion gerichtet. Von gemischten Kernübergängen wurden die Mischungsverhältnisse der Multipolstrahlungen mit Hilfe der W.K.-Resultate bestimmt.
Im Zerfall des Hf 181 zum Ta 181 erhielten wir aus einer differentiellen $\gamma\gamma$-Messung die Multipolmischung $\delta = \langle f\|E2\|i\rangle/\langle f\|M1\|i\rangle$ des 482-keV-Übergangs:

$$\delta(482 \text{ keV}) = 6{,}25 \mp 0{,}75$$

Ferner konnten wir für den stark retardierten Dipolanteil dieses Übergangs den »penetration«-Parameter λ eindeutig festlegen. λ gibt das Größenverhältnis eines Kernmatrixelements (»penetration«-Matrixelement), das in den Berechnungen der Konversionskoeffizienten und Partikelparameter vernachlässigt wird, zum gewöhnlichen Kerngamma-Matrixelement an:

$$\lambda(482 \text{ keV}) = +170 \mp 30$$

Ein $e^-\gamma$-W.K.-Experiment von GRABOWSKI und Mitarbeitern, das, im Widerspruch zu allen anderen Untersuchungen des Ta 181-Zerfallschemas, für den 619-keV-Zustand den Spin 5/2 statt 3/2 fordert, konnte durch eine analoge Messung von uns nicht bestätigt werden. Unser Resultat ist nur mit dem Spin 3/2 verträglich.
Im Zerfallschema des Yb 175 zum Lu 175 treten drei stark behinderte $E1$-Übergänge auf, von denen zwei in W.K.-Experimenten untersucht werden können. Von diesen wurden zunächst die Mischungsparameter $\delta = \langle f\|M2\|i\rangle/\langle f\|E1\|i\rangle$ bestimmt:

$$\delta(283 \text{ keV}) = +0{,}080 \mp 0{,}015$$

$$\delta(145 \text{ keV}) = +0{,}025 \mp 0{,}005$$

Der Einfluß der endlichen Kerngröße macht sich im W.K.-Experiment mit 283-K-Elektronen ungewöhnlich stark bemerkbar. Für den »penetration«-Parameter η erhalten wir:

$$\eta(283 \text{ keV}) = 5{,}5 \mp 0{,}2$$

Dieser Wert steht im Einklang mit dem Ergebnis einer Analyse aller veröffentlichten Konversionsdaten. Für den 145-keV-Übergang konnte erst auf Grund unserer Messungen der »penetration«-Parameter eindeutig festgelegt werden. Wir erhalten:

$$\eta(145 \text{ keV}) = -0{,}5 \mp 2$$

Experimentell bestimmte Partikelparameter und Konversionsdaten für niederenergetische $E2$-Rotationsübergänge zeigen in einigen Veröffentlichungen Abweichungen von den theoretischen Daten, während in anderen Arbeiten gute Übereinstimmung gefunden wird. In mehreren Messungen haben wir den $b_2(K)$-Partikelparameter für den 122-keV-Übergang im Sm 152 bestimmt. Die Ergebnisse

$$\underline{b_2(122\ K) = 1{,}67 \mp 0{,}05}$$
$$1{,}56 \mp 0{,}07$$
$$1{,}75 \mp 0{,}06$$
$$1{,}59 \mp 0{,}11$$

sind alle kleiner als der theoretische Wert von 1,91. Auch die experimentellen Parameter für den 86-keV-Übergang im Dy 160

$$\underline{b_2(86\ K) = 1{,}72 \mp 0{,}08}$$

und

$$\underline{b_2(87\ L) = 1{,}10 \mp 0{,}06}$$

stimmen mit der Theorie (1,95 bzw. 1,24) nicht überein.
Dagegen zeigen die Resultate für die 245-keV-Strahlung im Sm 152

$$\underline{b_2(245\ K) = 1{,}80 \mp 0{,}10}$$
$$1{,}52 \mp 0{,}19$$

keine erheblichen Abweichungen vom Tabellenwert 1,72.

Die beobachteten Abweichungen lassen sich theoretisch nicht verstehen. Wir glauben, daß sich bei unseren bisherigen Messungen und den Messungen anderer Autoren systematische Fehler durch Störung der Elektronen in der Quelle noch nicht mit völliger Sicherheit ausschließen lassen. Es ist deshalb beabsichtigt, einige dieser Messungen mit extrem dünnen, mit einem Isotopentrenner durch Einschießen in eine Trägerfolie erzeugte Quellen zu wiederholen.

Wir danken unseren Mitarbeitern G. Dammertz, K. Mittag, A. Kluge, H. Hübel, K. Killig und H. Toschinski für die gute Zusammenarbeit bei der Durchführung der Messungen.
Herrn K. Freitag und Herrn S. Göring sind wir für die Herstellung einiger Meßquellen am Isotopentrenner der KFA Karlsruhe zu Dank verpflichtet.
Dr. H. C. Pauli und Dr. E. Seltzer haben uns freundlicherweise theoretisch berechnete Parameter zur Verfügung gestellt.
Die numerischen Rechnungen wurden an der Rechenalage des Rheinisch-Westfälischen Instituts für Instrumentelle Mathematik durchgeführt.
Das Landesamt für Forschung des Landes Nordrhein-Westfalen hat durch großzügige finanzielle Unterstützung diese Untersuchungen ermöglicht.

Literaturverzeichnis

[1] GERHOLM, T. R. et al., Nucl. Phys. 24 (1961), 177.
[2] BIEDENHARN, L. C., und M. E. ROSE, Rev. Mod. Phys. 25 (1953), 729.
[3] FRAUENFELDER, H., und R. M. STEFFEN, in: »α–β–γ«-Ray Spectroscopy, North Holland Pub. Comp., Amsterdam 1965, Herausgeber K. SIEGBAHN.
[4] STEFFEN, R. M., Lectures, Tata Institute, Bombay 1965.
[5] FERENTZ, H., und N. ROSENZWEIG, ANL Report 5324 (1954).
[6] ROSE, M. E., Internal Conversion Coefficients, North Holland Pub. Comp., Amsterdam 1958.
[7] SLIV, L. A., und I. M. BAND, in: »α–β–γ«-Ray Spectroscopy, Herausgeber K. SIEGBAHN.
[8] PAULI, H. C., Helv. Phys. Acta 40 (1967), 713.
[9] HAGER, R. S., und E. C. SELTZER, Internal Conversion Tables, CALT-63-60 (1967).
[10] BIEDENHARN, L. C., und M. E. ROSE, Phys. Rev. 134 B (1964), 8.
[11] CHURCH, E. L., und J. WENESER, Phys. Rev. 104 (1956), 1382.
[12] NILSSON, S. G., und J. O. RASMUSSEN, Nucl. Phys. 5 (1958), 617.
[13] CHURCH, E. L., und J. WENESER, Ann. Rev. Nucl. Sci. 10 (1960), 193.
[14] KLEINHEINZ, P. et al., Nucl. Instr. Meth. 32 (1964), 1.
[15] DAMMERTZ, G., Diplomarbeit, Bonn 1967.
[16] LIEDER, R. M., Diplomarbeit, Bonn 1964.
[17] POPP, M., Diplomarbeit, Bonn 1966.
[18] DELANG, W., Diplomarbeit, Bonn 1966.
[19] FLECK, M., Diplomarbeit, Bonn 1968.
[20] ROSE, M. E., Phys. Rev. 91 (1953), 610.
[21] GERHOLM, T. R. et al., Ark. Fys. 21 (1962), 253.
[22] GIMMI, F. et al., Helv. Phys. Acta 29 (1956), 1130.
[23] MITTAG, K., Diplomarbeit, Bonn 1967.
[24] KLEINHEINZ, P. et al., UUIP-551, Uppsala 1967.
[25] SPEIDEL, K.-H. et al., Nucl. Phys. A 115 (1968), 421.
[26] MUIR, A. H., und F. BOEHM, Phys. Rev. Rev. 122 (1961), 1564.
[27] MUIR, A. H., Nucl. Phys. 68 (1965), 305.
[28] Nuclear Data Sheets, Oak Ridge National Lab. (1965).
[29] BOEHM, F., und E. KANKELEIT, Phys. Rev. Letters 14 (1965), 312.
[30] SELTZER, E., und R. HAGER, in: Internal Conversion Processes, Academic Press, N.Y. London 1966, Herausgeber J. HAMILTON.
[31] GRABOWSKI, Z. et al., Nucl. Phys. 24 (1961), 251.
[32] DEBRUNNER, P. et al., Helv. Phys. Acta 29 (1956), 463.
[33] MAYER, L. et al., Z. Physik 177 (1964), 28.
[34] MCGOWAN, F. K., Phys. Rev. 93 (1954), 471.
[35] SNYDER, E. S., und S. FRANKEL, Phys. Rev. 106 (1957), 755.
[36] LINDQVIST, T., und E. KARLSSON, Ark. Fys. 12 (1957), 519.
[37] DAVIES, J. A. et al., Ark. Fys. 24 (1963), 377.
[38] BOEHM, F., und P. MARMIER, Phys. Rev. 103 (1956), 342.
[39] ALEXANDER, P. et al., Nucl. Phys. 76 (1966), 167.
[40] GRABOWSKI, Z. et al., Nucl. Phys. 65 (1965), 441.
[41] DAVIES, K. E., und W. D. HAMILTON, Nucl. Phys. A 96 (1967), 65.
[42] EMERY, G. T., und M. L. PERLMAN, Phys. Rev. 151 (1966), 984.
[43] THUN, J. E. et al., Nucl. Phys. 29 (1962), 1.
[44] THUN, J. E., Nucl. Phys. A 91 (1967), 653.
[45] NOVAKOV, T., und J. M. HOLLANDER, Nucl. Phys. 60 (1964), 593.
[46] HOLMBERG, L. et al., Nucl. Phys. A 96 (1967), 305.
[47] GRACE, M. A. et al., Phil. Mag. 2 (1957), 1079.
[48] LÖBNER, K., und S. MALMSKOG, Nucl. Phys. 80 (1966), 505.

[49] Brahmavar, S. M., und M. K. Ramaswamy, in: Internal Conversion Processes, Academic Press N.Y., London 1966, Herausgeber J. Hamilton.
[50] Hamilton, J. H. et al., Phys. Rev. Lett. 14 (1965), 567.
[51] Steffen, R. M., und Z. Grabowski, Internat. Conf., Tokio 1967.
[52] Erman, P., und S. Hultberg, in: Internal Conversion Processes, Herausgeber J. Hamilton (1966).
[53] Holmberg, L. et al., Nucl. Phys. A 96 (1967), 33.
[54] Zganjar, E. F. et al., Nucl. Phys. A 114 (1968), 609.
[55] Parker, W., Preparation of Radioactive Material, Göteborg 1965.
[56] Günther, C. et al., Z. Physik 183 (1965), 472.
[57] Pauli, H. C., und K. Alder, Z. Physik 202 (1967), 255.

Forschungsberichte des Landes Nordrhein-Westfalen

Herausgegeben im Auftrage des Ministerpräsidenten Heinz Kühn
von Staatssekretär Professor Dr. h. c. Dr. E. h. Leo Brandt

Sachgruppenverzeichnis

Acetylen · Schweißtechnik
Acetylene · Welding gracitice
Acétylène · Technique du soudage
Acetileno · Técnica de la soldadura
Ацетилен и техника сварки

Arbeitswissenschaft
Labor science
Science du travail
Trabajo científico
Вопросы трудового процесса

Bau · Steine · Erden
Constructure · Construction material ·
Soil research
Construction · Matériaux de construction ·
Recherche souterraine
La construcción · Materiales de construcción
Reconocimiento del suelo
Строительство и строительные материалы

Bergbau
Mining
Exploitation des mines
Minería
Горное дело

Biologie
Biology
Biologie
Biologia
Биология

Chemie
Chemistry
Chimie
Quimica
Химия

Druck · Farbe · Papier · Photographie
Printing · Color · Paper · Photography
Imprimerie · Couleur · Papier · Photographie
Artes gráficas · Color · Papel · Fotografía
Типография · Краски · Бумага · Фотография

Eisenverarbeitende Industrie
Metal working industry
Industrie du fer
Industria del hierro
Металлообрабатывающая промышленность

Elektrotechnik · Optik
Electrotechnology · Optics
Electrotechnique · Optique
Electrotécnica · Optica
Электротехника и оптика

Energiewirtschaft
Power economy
Energie
Energía
Энергетическое хозяйство

Fahrzeugbau · Gasmotoren
Vehicle construction · Engines
Construction de véhicules · Moteurs
Construcción de vehículos · Motores
Производство транспортных · Средств

Fertigung
Fabrication
Fabrication
Fabricación
Производство

Funktechnik · Astronomie
Radio engineering · Astronomy
Radiotechnique Astronomie
Radiotécnica · Astronomía
Радиотехника и астрономия

Gaswirtschaft
Gas economy
Gaz
Gas
Газовое хозяйство

Holzbearbeitung
Wood working
Travail du bois
Trabajo de la madera
Деревообработка

Hüttenwesen · Werkstoffkunde
Metallurgy · Materials research
Métallurgie · Materiaux
Metalurgia · Materiales
Металлургия и материаловедение

Kunststoffe
Plastics
Plastiques
Plásticos
Пластмассы

Luftfahrt · Flugwissenschaft
Aeronautics · Aviation
Aéronautique · Aviation
Aeronáutica · Aviación
Авиация

Luftreinhaltung
Air-cleaning
Purification de l'air
Purificación del aire
Очищение воздуха

Maschinenbau
Machinery
Construction mécanique
Construcción de máquinas
Машиностроительство

Mathematik
Mathematics
Mathématiques
Mathemáticas
Математика

Medizin · Pharmakologie
Medicine · Pharmacology
Médecine · Pharmacologie
Medicina · Farmacología
Медицина и фармакология

NE-Metalle
Non-ferrous metal
Metal non ferreux
Metal no ferroso
Цветные металлы

Physik
Physics
Physique
Física
Физика

Rationalisierung
Rationalizing
Rationalisation
Racionalización
Рационализация

Schall · Ultraschall
Sound · Ultrasonics
Son · Ultra-son
Sonido · Ultrasónico
Звук и ультразвук

Schiffahrt
Navigation
Navigation
Navegación
Судоходство

Textilforschung
Textile research
Textiles
Textil
Вопросы текстильной промышленности

Turbinen
Turbines
Turbines
Turbinas
Турбины

Verkehr
Traffic
Trafic
Tráfico
Транспорт

Wirtschaftswissenschaften
Political economy
Economie politique
Ciencias económicas
Экономические науки

Einzelverzeichnis der Sachgruppen bitte anfordern

 Springer Fachmedien Wiesbaden GmbH

If you have any concerns about our products,
you can contact us on
ProductSafety@springernature.com

In case Publisher is established outside the EU,
the EU authorized representative is:
**Springer Nature Customer Service Center GmbH
Europaplatz 3, 69115 Heidelberg, Germany**

Printed by Libri Plureos GmbH
in Hamburg, Germany